自走
プログラマー

Pythonの先輩が教える
プロジェクト開発のベストプラクティス

120

清水川 貴之、清原 弘貴、tell-k【著】
株式会社ビープラウド【監修】

技術評論社

まえがき

　プログラミング「迷子」になったことはありませんか？　プログラミング迷子には次のような特徴があります。

- ・特徴1：何から手を付けて良いのかわからない
- ・特徴2：正しい方向に進んでいるか自信がもてなくて考え込んでしまう
- ・特徴3：どのファイルに何のコードを書くか定まらず、気がつくと一貫性がなくなっている
- ・特徴4：ミドルウェアや外部ライブラリをどう選んだら良いかわからないし、質問もできない
- ・特徴5：検索で見つけたコードを貼ってみたけど、なぜかうまく動かない
- ・特徴6：テストコードを書くのにものすごい時間がかかった割に、肝心なところがバグだらけ
- ・特徴7：バグを直そうとして、別のバグを生んでしまった
- ・特徴8：完璧に仕上げようと時間をかけたのに、レビューしてもらったら見当違いだと指摘された
- ・特徴9：作ってみたは良いけど、ごちゃごちゃしていて今後も開発を続けるのが大変
- ・特徴10：ログを出しているのは知ってるが、役に立ったことはない

　自分1人で走れないのは、進む方向がわからないからです。つまり「地図」を持っていないからです。本書はプログラミング迷子に向けて、絶対に知ってほしい「ソフトウェア開発の地図」を伝えるものです。さあ、地図の作り方を身につけて、「自走プログラマー」になりましょう！

本書の構成と読み進め方

　本書は、「プログラミング入門者が中級者にランクアップ」するのに必要な知識をお伝えする本です。扱っている120のトピックは、実際の現場で起こった問題とその解決方法を元に執筆しています。 このため、扱っているプロジェクトの規模や、失敗パターンのレベル感もさまざまです。 各トピックでは具体的な失敗とベストプラクティス、なぜそれがベストなのかを解説します。

　本書は、プログラミング言語Pythonを使って設計や開発プロセスのベストプラクティスを紹介します。Pythonに詳しくない方でも、プログラミング言語の文法を知っている方であれば理解できるようにしています。逆に、プログラミング自体が何かわからない人のための本ではありません。すでにプログラミング言語の文法や書き方、役割を知っている人が、より効率的かつ効果的にプログラムを書く、価値を創る方法をお伝えする本です。

　本書は、大きく5つの章に分かれています。

▶ 本書で扱っているトピックの地図

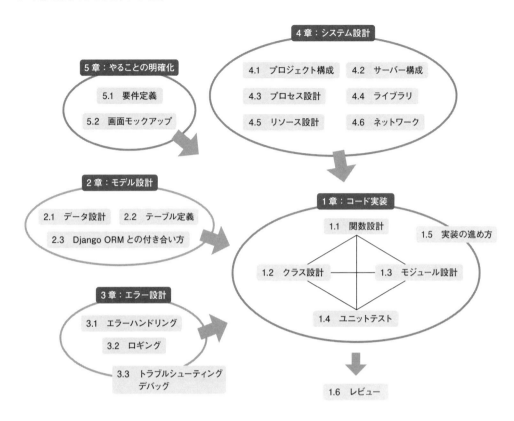

　1章「コード実装」では、コードを書く話を扱っています。プログラマーがもっとも興味のある部分かもしれません。関数設計、クラス設計、モジュール設計、ユニットテストの実装、そしてGitHubのPR（Pull Request）を使ったレビューの進め方について、具体的なプラクティスを紹介します。また、「迷わない実装の進め方」を実現するソフトウェア開発の地図「開発アーキテクチャドキュメント」の作り方について説明します。

　2章「モデル設計」では、アプリケーション開発で必ず必要になるデータの扱いについて具体的なプラクティスを紹介します。テーブル定義やデータの扱い方は、開発速度を左右する重要な知識です。また、ORM（Object-Relational-Mapping）との良い付き合い方についても紹介します。

　3章「エラー設計」では、プロダクション環境へのリリース後に必要となる技術について紹介します。エラーが発生する処理をどのように実装するべきか、ログ出力は何のためにどんな内容にするべきかといったプラクティスを紹介します。また、トラブルシューティングとデバッグについても紹介します。

　4章「システム設計」では、プロジェクト全体のシステム構成を組み立てていきます。Python環境の選び方、サーバー構成、プロセス、ライブラリ、リソース、ネットワークといった、プログラムを

実際に動作させるのに必要となる環境に焦点をあてています。

　5章「やることの明確化」は、コードを書く前の話です。これから作ろうとしているモノがどのような特徴を持っていて、どのように使われるのか明確にしていきます。何を作ろうとしているのかをあいまいなまま進めてしまうと、実装中やレビューの段階で大前提からやり直しになってしまいます。どのくらい「明確化」に時間をかければ手戻りをおさえつつ、次の段階に進めるのかを解説します。

　本書は、章が進むにつれて「プログラム」から「周辺の技術」に話題が移っていきます。各トピックは独立しているため、どこから読み始めてもかまいません。

- コードに関する要素から読みたい人は、1章から読んでいくと良いでしょう。
- そもそも何を作るかを明確にしてから進めたい人は、5章から1章に向けて読むと良いでしょう。

対象読者

- チョットした便利なコードを書けるけど、中〜大規模のシステムを上手に作れない人
- プログラムを書けるけど、レビュー指摘などで手戻りが多い人
- 優れたエンジニアになりたい人
- PythonでWebアプリケーションの開発をするときの指針がほしい人
- Python入門を果たしたプログラマーで、仕事でPythonをやっていこうという人
- 設計の仕方や、メンテナンス性の高いプログラムの書き方を知りたい人
- ライブラリの選定を、確信を持ってできるようになりたい人

プログラミングブームにおける本書の価値

　プログラミングは、パソコンがあれば無料で始められます。初学者向けの本もたくさんあり、特にここ数年は今まで以上に多くの人がプログラミングを始めています。裾野はどんどん広がっていき、2020年からの初等教育でのプログラミングの必修化もそれを後押ししていくでしょう。あと何年か後には、プログラミングが今よりももっと日常的に行われる世の中になっているかもしれません。

　こうした状況はとても喜ばしいことですが、プログラミングが一部の人のだけが持つスキルでなくなれば、仕事でプログラミングする人にはより高いスキルが求められることになります。競争が激しくなっていくなかで、より秀でたプログラマーになるためには、何が求められるでしょうか？

　プログラミングで何かを作るには、文法の他にアプリケーションを設計するスキルや、ライブラリを選定するスキル、Webアプリケーションなら本運用し続ける環境を整えるスキル、運用するスキル、などさまざまなスキルが必要です。これらのスキルのうち、「プログラミングで何かを作るプロセスとスキル」「プログラミングで作りたいものを設計するスキル」をお伝えするのが本書です。本書を読み終わったとき、次のようになれたらすばらしいと思いませんか？

- 自分の作りたいものを着実に作るプロセスがわかっている
- どう設計すればアプリケーションとして良いものができるかがわかっている
- どういう場合にどのライブラリを使えば良いかわかっている

　本書はそんな、単にプログラミング言語だけでないプログラミングの「中級な」「設計を含んだ」「うまく作るための」内容をお伝えする本です。少し読んでみると「プログラミングそのものの話題が少ない」と少し戸惑うかもしれません。ですがそれこそがプログラミング能力を活かして何かを作るために必要なことです。

著者の思い

　我々ビープラウドは、在籍するスタッフの多くがコードを扱います。代表取締役も、営業の役割を担っている人間も、コードを読み書きします。現在の仕事は多くが受託開発で、大量のトラフィックを捌く必要があるコンシューマ向けのWebシステムや、ビジネス向けのWeb業務システム、機械学習によるデータ処理とWebの連携などが多くを占めているWeb系ソフトウェア開発という職種です。

　ビープラウドでの開発プロジェクトは2〜3ヶ月という短いスパンのプロジェクトを2〜3名で開発することが多いため、1人が関わる範囲が広く、必然的に書くコードの量も多くなります。私たちにとってプログラマーとは、設計書をコードにする単純作業者のことではなく、やりたいことをまとめ、設計からコードにし、そしてリリースするまでをすべて1人でできる人のことを指しています。本当にすばらしいサービスやアプリケーションをつくり出すには、自走できるプログラマーが必要です。

　とはいえ、すべてのプログラマーがはじめから自走できたわけではなく、組織のメンバーは常に入れ替わっていき、新しく参加するメンバーの中にはこれからいろいろなことを学んでいく人もいます。それは、技術的なつまづきと学びを繰り返して、その背景にある原理原則をメンバーそれぞれが見つけていく、長い旅のようなものです。ビープラウドには、この学びの旅をサポートする「教え合う文化」が根づいており、つまづいたときには先輩が親身になって助けてくれます。そこで先輩達が教えてきた履歴を見ると、新しいメンバーがなぜか必ずつまづいてしまうパターンがいくつもあることがわかってきました。こういった、設計からコードまで書けるようになるために知っておいてほしい技術的なトピックを集め、この本にまとめました。

　本書は、プログラミング入門ならぬ、脱入門者を目指す開発者向けの指南書です。自走できるプログラマーであれば知っているであろういろいろな手法や観点を元に、「プロジェクトの各段階でプログラマーがやること」「その選択をどう判断するのか」「どうコードを実装して実現していくのか」を紹介します。一部の最新技術に注目するのではなく、実際のプロジェクトに適用して、プロジェクトを完成させるための指針をまとめました。

目 次

第5章 やることの明確化 261

コード実装

1.1

関数設計

≫1　関数名は処理内容を想像できる名前にする

　プログラミングにおいて関数化と関数名はとても大切です。良い関数名をつけることで動作や仕様が想像できるので、プログラムを読む人は関数の実装を詳しく見る必要がなくなります。

　次の関数名だけを見て、処理内容を想像できるでしょうか？

具体的な失敗

```
def item_csv(item):
    with open("item.csv", mode="w") as f:
        f.write(item.name)
```

　単にitem_csvという名前だと「item_csvを、どうするのか」が予想できません。関数の実装を見れば「書き込む処理である」ことはわかりますが、関数名だけを見て「書き込む」という具体的な処理を想像できる人は少ないでしょう。むしろ、この関数はitem_csvというCSVを取得する関数のように感じられます。

ベストプラクティス

　動詞を関数名の頭につけるか、取得できるものや役割の名詞にしましょう。

- ・動詞にする例：get_item_list、calc_tax、is_memberなど
- ・取得できるものの名詞にする例：current_date、as_dictなど
- ・役割で関数名にする例：json_parserなど

　たとえば上記のitem_csvはCSVを書き込むための処理なので、write_item_csvという名前にしましょう。

```
def write_item_csv(item):
    ...
```

関数名で処理を表現することにより、どんな処理が発生し得るのかを想像しやすくなります。

- **save**や**write**：外部へ保存する、書き込みをする
- **calc**：外部への保存や読み込みはないが、計算をする処理

関数名に動詞をつける場合は**2**「関数名ではより具体的な意味の英単語を使おう」(P.13) でより詳しく説明します。

関数名を名詞にするときは、行われる処理が「ある情報を取得する」のように明確な場合のみにしましょう。

- **current_date**：今日の日付を「取得する」ことが明らか。「今日の日付を保存する」のような処理はないと考えられる
- **as_dict**：「dictとして取得する／変換する」ことが明らか

役割で名前をつける場合は、「その役割」の入出力が何かは決めておく（想像できる）ことが重要です。たとえばnumeric_validatorという関数の場合、「ここでいうバリデーターとは引数に文字列を1つ受け取り、正しい場合はTrue、そうでないときはFalseを返す関数だ」とわかるようにしておきましょう。もし一般的な「役割」として入出力が決まっていない場合は、docstringなどで入出力を明記しましょう。

[関連]
- **2** 関数名ではより具体的な意味の英単語を使おう （P.13）

≫2 関数名ではより具体的な意味の英単語を使おう

関数名からはより具体的な意味を類推できることが重要です。関数名に使う言葉を「より狭い意味」の単語に置き換えることで意味が伝わりやすくなります。

関数名にget_ばかりを使ってしまった例を見てみましょう。

[具体的な失敗]

```
def get_latest_news():
    ...

def get_tax_including(price):
    ...

def get_sum_price(items):
```

```
    ...
```

この失敗では「何かを取得する」という意味ですべての関数名がget_になっています。ですが、関数が具体的にどういう動作をするかまで、getという英単語からは想像できません。外部へのアクセスがどれだけ発生するのか、どれだけ計算処理が発生するのか、データベースへのアクセスがあるのかわからないのは問題です。

(ベストプラクティス)

より狭い意味の英単語を使いましょう。処理の内容を想像できる「より狭い」英単語を使います。

```
def fetch_latest_news():
    ...


def calc_tax_including(price):
    ...


def aggregate_sum_price(items):
    ...
```

たとえばfetch_latest_newsからは外部アクセスをして取得する意図が伝えられます。getでは「取る」という意味しか伝えられませんが、fetchでは「取ってくる」という意味が伝わります。このように関数名の英単語から、発生する処理や副作用を「想像できる」ことが重要です。他にも、以下のような英単語に置き換えると良いでしょう。

▶ 表1.1　getの置き換え

英単語	想像できる意味
load	ファイルなどの読み込みをする
fetch／retrieve	外部（APIなど）からデータを取得する
search	何らかの検索処理（IDでの取得でなく、条件での取得）が発生する
calc	副作用（外部へのアクセスや読み込み、IO）なしに計算だけする
increase／decrease	値を加算／減算する
merge	2つのデータを合わせて1つのデータにする
render	文字列や画像を処理して描画する
filter	複数のデータから要素を絞り込む
aggregate	複数の情報から集計、計算する
build／constract	何らかの情報から文字列やオブジェクトを作成する
escape／sanitize	文字列をエスケープ、サニタイズ処理する

▶ 表1.2　saveの置き換え

英単語	想像できる意味
dump	あるデータソースから別のファイルなどにデータをまとめて保存する
create	更新でなく新規作成をする
update	新規作成でなく更新をする
patch	部分的に情報を更新する
remove／delete	削除する
sync	作成、更新、削除を行って2つのデータソースの値を同じにする
memoize	メモリー上に一時的に記録する
publish	隠されていた情報を外部に公開する

▶ 表1.3　sendの置き換え

英単語	想像できる意味
notify	外部のサービスやオブジェクト間での通知をする

　次のような英単語もわかりやすさを助けてくれます。

▶ 表1.4　他にオススメの英単語

英単語	想像できる意味
flatten	階層構造を持つオブジェクトを1階層にする
minimize	値を最小化する
validate／verify	値が正しいかを確認、検証する（checkより意味が狭い）

　ただし、「狭い意味の英単語」を意識して、難しすぎる英単語を無理に使わないようにしましょう。難しい英単語ではコードを読む人が理解しにくくなるからです。たとえばamalgamateという英単語では難しすぎるので、mergeとするのが良いでしょう。どの英単語を使うべきか疑問なときは、英和辞典で調べて英検準一級くらいの英単語までにしておきましょう。オンラインの英和辞典では英単語の学習レベルが表示されるものがありますので、参考にしてください。

・英語「retrieve」の意味・使い方・読み方 | Weblio英和辞書
　https://ejje.weblio.jp/content/retrieve

　また、プログラマー向けの英単語を知ることのできる本やWebサービスもあります。

・『ITエンジニアが覚えておきたい英語動詞30』（板垣政樹 著、秀和システム 刊、2016年3月）
・プログラマーのためのネーミング辞書 | codic
　https://codic.jp

　自分の使いたい英単語がどれほど使われているかを、実際のプログラムから検索するのも良い

でしょう。たとえばGitHubの検索機能に調べたい英単語を入力して、どのような処理に英単語が使われているかを調べてみてください。

・Code Search | GitHub
　https://github.com/search/

関連
・1　関数名は処理内容を想像できる名前にする（P.12）
・3　関数名から想像できる型の戻り値を返す（P.16）

≫3　関数名から想像できる型の戻り値を返す

　変数名、関数名から「想像できること」はとても大切です。特にプログラミングにおいては「型」が想像できることがとても重要です。特にPythonは動的型付け言語なので、関数がどんな型で戻り値を返すかを制限できません。
　次の関数にはどんな問題があるか考えてみましょう。

具体的な失敗

```python
def is_valid(name):
    if name.endswith(".txt"):
        return name[:-4] + ".md"
    return name
```

　このis_valid関数の問題は、関数名から想像できる「戻り値の型」と実装が違うことです。is_やhas_で始まる関数名の場合はboolが返る関数のように思えてしまいます。たとえば、以下のように使う関数であると想像してしまいます。

```python
if is_valid("foo.txt"):
    print("有効なファイル名です")
```

　この処理は正しくないファイル名でもifブロック内の処理が実行されます。上記のis_valid関数は、ファイル名が正しくない場合にも文字列を返すからです。

ベストプラクティス

　is_、has_で始まる変数名、関数名の場合はboolを扱うようにしましょう。

```python
def is_valid(name):
```

```
return not name.endswith(".txt")
```

これで if is_valid(): のように if 文で正しく扱えます。大切なのは、関数名から期待される動作や戻り値の型と、実装を一致させることです。他にも _enabled、_activated、_confirmed などで終わる名前にしても bool が返ると想像できます。関数の名前から予想できる型で戻り値を返すようにしましょう。関数の定義やドキュメントを読まずとも関数の挙動が理解できます。そうすると、勘違いによるバグを生むリスクを減らせますし、プログラムを読む際に理解しやすくなります（可読性が高くなります）。ソフトウェアの保守工数が下がることで、より生産的な活動に時間を割けるでしょう。

また、is_ や has_ という関数、メソッドにするときは外部へのアクセス、データ保存や読み込み、値の変換など副作用がないようにしましょう。

≫4 副作用のない関数にまとめる

プログラミングにおいて「副作用」を意識することはとても大切です。副作用とは、プログラムが実行された結果に何かしらの状態が変更されることを言います。関数が外部にある変数や状態に影響されない場合、同じ入力を与えると常に同じ出力をするはずです。テストがしやすく、状態に影響されない関数ができます。

副作用のある関数はどんなもので、どういう注意点があるのでしょうか？

具体的な失敗

```python
def is_valid(article):
    if article.title in INVALID_TITLES:
        return False

    # is_valid 関数がarticle.valid の値を書き換えている
    article.valid = True
    # .save() を呼び出すことで、外部にデータを保存している
    article.save()
    return True

def update_article(article, title, body):
    article.title = title
    article.body = body
    if not is_valid(article):
        return
    article.save()
    return article
```

この場合 is_valid 関数を呼び出しただけで article の .valid 値が変更されてしまいます。

いろいろな関数から副作用があると、開発者が予期しないところでデータが変更されてしまう問題があります。予期しないところでデータが変更されると、バグの元になったりトラブルシューティングが難しくなったりします。

ベストプラクティス

この場合は`is_valid`関数では副作用を起こさないほうが良いでしょう。関数名を`is_valid_title`として「正しいタイトルかどうか」を確認する関数に留めましょう。

```
def is_valid_title(title):
    return title not in INVALID_TITLES:

def update_article(article, title, body):
    if not is_valid_title(title):
        return
    article.title = title
    article.body = body
    article.valid = True
    article.save()
    return article
```

こうすると`is_valid_title`では副作用がないので他の処理からも再利用しやすくなります。また、「`update_article`を呼び出したときは副作用がある」というのが明確になります。

データの変更を意図しないなら、変更できない値を引数に使うほうが良いでしょう。たとえばオブジェクトでなく文字列を引数にしたり、リストでなくタプルを使うようにします。

≫5　意味づけできるまとまりで関数化する

無思慮に関数をまとめていませんか？　関数に分離するときは処理のまとまりで分けてはいけません。

具体的な失敗

```
def main():
    with open(...) as f:
        reader = csv.reader(f)
        for row in reader:
            i = row[1]
            if i < 100
                print(row[0])
```

この関数は単に「主な処理」として`main()`関数にまとめられているだけです。これを「処理

のまとまり」で分離してしまうと以下のようになります。

```python
def print_row(row):
    i = row[1]
    if i < 100:
        print(row[0])


def main():
    with open(...) as f:
        reader = csv.reader(f)
        for row in reader:
            print_row(row)
```

関数化することで改善した気持ちになってしまいますが、この分離は問題があります。

- **プログラムが何を意図しているのかがわからない**
  - print_rowが「どんな行を」表示しているかわからない
  - row[1] が何で、100 が何の値かがわからない
- **print_row関数を再利用しにくい**
  - 戻り値を持たないので、表示する際にしか使えない
- **print_rowを単体テストしにくい**
  - テスト用に毎度rowを準備する必要がある
  - printされた出力を動作確認するのが面倒

(**ベストプラクティス**)

　処理の意味、再利用性で関数や処理は分離しましょう。「関数に分離しよう」と意気込む前に、処理をそれぞれどう意味づけできるかを考えることが大切です。CSV読み込み、100との比較という処理が、どういう意味なのかを関数で表します。今回は、「価格が100円未満の場合は、買い合わせ対象商品である」という仕様があったとします。

```python
import csv


def read_items():
    """ 商品一覧のCSVデータを読み込んでタプルのジェネレーターで返す
    各商品は「商品名、価格」のタプルで返される
    """
    with open(...) as f:
        reader = csv.reader(f)
        for row in reader:
            name = row[0]
```

```
        price = int(row[1])
        yield name, price


def is_addon_price(price):
    """ 価格が「買い合わせ対象商品」の場合Trueを返す
    """
    return price < 100


def main():
    items = read_items()
    for name, price in items:
        if is_addon_price(price):
            print(name)
```

　処理でなく意味でまとめることで、それぞれの処理が「何のために行われているか」が自明になりました。

- **read_items**関数：商品の一覧データを読み込む関数
  - 商品のデータを使う他の場合でもこの関数を再利用できる
  - 関数化によって各列の値（name、price）の意味がわかりやすくなった
- **is_addon_price**関数：買い合わせ対象商品の場合Trueを返す関数
  - （100円未満は「買い合わせ対象商品」という）ビジネス上のルールも、関数の意味づけとして使える

　「買い合わせ対象商品だけを画面に表示したい」という処理は再利用しない処理なので、def main()のような再利用性の低い処理にまとめます。

≫6　リストや辞書をデフォルト引数にしない

　Pythonのデフォルト引数は便利な機能ですが、使ううえでの罠があります。次の例のようにプログラムを書いたことはありませんか？

【 **具体的な失敗** 】

```
def foo(values=[]):
    values.append("Hi")
    return values
```

　引数valuesをデフォルトで空のリストにしたい場合にvalues=[]と書いてはいけません。

Pythonではデフォルト引数の値は関数（やメソッド）呼び出しのたびに初期化されません。関数をデフォルト引数で呼び出すたびに、リストの値が変わってしまう問題があります。

```
>>> foo()
['Hi']
>>> foo()
['Hi', 'Hi']
>>> foo()
['Hi', 'Hi', 'Hi']
```

ベストプラクティス

更新可能（mutable）な値はデフォルト引数に指定してはいけません。リスト、辞書、集合をデフォルト引数にしてはいけないと覚えておきましょう。デフォルト引数にNoneを設定しておいて、関数内でNoneの場合に空のリストや辞書を指定しましょう。

```
def foo(values=None):
    values = values or []
    values.append("Hi")
    return values
```

これでfoo()を何回呼び出しても常に["Hi"]が返ります。

≫7 コレクションを引数にせずintやstrを受け取る

関数の引数にはどういった値を期待するのが良いでしょうか？ 関数の引数を考えることは、関数の入力仕様を決めることなのでとても重要です。

次の関数は何が問題でしょうか？

具体的な失敗

```
def calc_tax_included(item, tax_rate=0.1):
    return item['price'] * (1 + tax_rate)
```

このcalc_tax_includedは引数にitem（商品を表す辞書）を期待しています。これでは単に「消費税を計算したい」という場合にも、毎度「'price'キーを持つ辞書」を用意する必要があります。関数の再利用性が低くなってしまいます。

ベストプラクティス

関数の引数は数値（int）や浮動小数点数（float）、文字列（str）など、コレクションでない値

を受け取るのが良いでしょう。

```
def calc_tax_included(price, tax_rate=0.1):
    return price * (1 + tax_rate)
```

　辞書を受け取らずに数値で受け取る関数にすることで、単に消費税込みの金額を計算したい場合にも calc_tax_included 関数が使えます。単体テストで動作確認するときに準備すべきデータも少なくなります。以下の場合、テストには単に100という数値を渡せばテストできます。

```
def test_calc_taxt_included():
    assert calc_tax_included(100) == 110
```

　もし「商品」という値を扱う際に消費税込みの計算を頻繁に行うのであれば、商品に対応するクラスを定義してプロパティーから税込み価格を返すようにします。

```
class Item:
    ...

    @property
    def price_including_tax(self):
        return calc_tax_included(self.price)
```

≫8　インデックス番号に意味を持たせない

　Pythonでリストやタプルのインデックス番号を使ったほうが良いプログラムになる場合は、非常に稀です。インデックス番号に意味を持たせてしまうとどうなるでしょうか？

具体的な失敗

```
from .item import item_exists


def validate_sales(row):
    """
    rowは売上を表すタプル
    1要素目: 売上ID
    2要素目: 商品ID
    3要素目: ユーザー ID
    4要素目: 個数
    5要素目: 売上日時
    """
    # IDのチェック
    if not item_exists(row[1]):
```

```
        raise ...

    # 個数のチェック
    if row[3] < 1:
        raise ...
```

　たとえば辞書であればrow['item_id'] のように、処理そのものが意味を表してくれます。しかしこの例では処理の中でrowのインデックス番号が意味を持っているので、プログラムが読みにくくなっています。プログラムを読んでいるときにrow[1] が商品IDであると覚えておかないといけません。

　またインデックス番号で処理すると、間に新しい値が入ると処理が壊れます。たとえばrowの仕様が変わって2要素目に「販売店ID」が入るようになったとすると、それ以降の要素を指定する処理を書き換える必要があります。その場合は、row[3] を row[4] にする必要があります。

(ベストプラクティス)

　タプルで管理せず辞書やクラスにしましょう。rowのタプルをSaleというクラスに置き換えると、validate_sales関数がとても読みやすくなります。

```
@dataclass
class Sale:
    sale_id: int
    item_id: int
    user_id: int
    amount: int
    sold_at: datetime


def validate_sales(sale):
    """ 売上sale が不正なデータの場合エラーを送出する
    """
    if not item_exists(sale.item_id):
        raise ...

    if sale.amount < 1:
        raise ...
```

　validate_sales関数をSaleクラスのメソッドにしても良いでしょう。

　プログラム中でインデックス番号を明示的に使っているときは、設計を直せないか考えましょう。具体的には以下の2点があります。

1. **リストのインデックス番号に意味がある場合：辞書、クラスを使う**
2. **ループでインデックス番号を使う場合：for x in listのようにループする**

　ループにもインデックス番号は不要です。PythonにはIteratorがあるので、基本的にインデックス番号を指定した処理は書かずに済みます。

```
# 悪い例
for idx in range(len(items)):
    items[idx]

# 良い例
for item in items:
    item
```

　明示的にインデックス番号が必要なときはenumerateを使いましょう。

```
for n, item in enumerate(items, start=1):
    print(n, "個目を処理中")
```

　enumerate関数の使い方は以下のPython公式ドキュメントを参考にしてください。

　・組み込み関数 － Python 3 ドキュメント
　　https://docs.python.org/ja/3/library/functions.html#enumerate

≫9　関数の引数に可変長引数を乱用しない

　Pythonの便利な機能である可変長引数の*args、**kwargsですが、無思慮に使いすぎるとバグを仕込みやすいプログラムになります。
　どういった問題があるのでしょうか？　プログラムを見ながら考えてみましょう。

具体的な失敗

```
class User:
    def __init__(self, **kwargs):
        self.name = kwargs['name']
        self.mail = kwargs.get('mail')
```

　このUserは以下のように、クラスが期待していないemail=引数を受け取れてしまいます。email=と勘違いしてプログラムした場合に、エラーになりません。

```
>>> user = User(name="hiroki", email="hiroki@example.com")
```

　ここでuser.mailはNoneになります。予期しないデータが作成されているのにエラーになら

ないので、プログラムの別の場所でエラーになったり、必要なデータが保存されない問題があります。

不用意に *args、**kwargs を使わずに個別の引数で指定しましょう。

```python
class User:
    def __init__(self, name, mail=None):
        self.name = name
        self.mail = mail
```

この場合、存在しない引数を指定すればエラーになります。

```
>>> User("hirokiky", email="hiroki@example.com")
Traceback (most recent call last):
  File "<stdin>", line 1, in <module>
TypeError: __init__() got an unexpected keyword argument 'email'
```

可変長引数を使う場合は、以下のように「どんな値が来ても良い」関数のみにしましょう。

```python
def as_json(obj, **fields):
    data = {getattr(obj, key, default) for key, default in fields.items()}
    return json.dumps(data)


some_obj = get_some_obj()
json_str = as_json(some_obj, first_name="John", last_name="Doe")
```

このfieldsにはどんな値が来ても問題ありません。fieldsを辞書で受け取る場合と違い、以下の利点があります。

- **fields**辞書のキーが必ず文字列になるので、予期しないキーが入りにくい
- **fields**の指定がないときに勝手に空の辞書になってくれる
- 関数を使うときに辞書を作らずに書けて楽
- 6「リストや辞書をデフォルト引数にしない」(P.20) の初期化処理が不要になる

≫10 コメントには「なぜ」を書く

プログラムのコメントには何を書いていますか？　コメントを書くときにも、抑えておくべきポイントがあります。

具体的な失敗

```
def do_something(users):
    # ～～をする処理
    # usersにはUserのQuerySetを受け取る

    # 引数のusersを1つひとつループして処理をする
    # usersがループするときにバックエンドにSQLが実行される
    for user in users:
        ...
    return users  # SQLはループでの1回しか実行されない
```

　このプログラムには無駄なコメントが多いのが問題です。プログラムを読めば、処理は理解できます。コメントがないと理解しにくいコードの場合、コメントで説明を補う前に簡単なコードに書き直せないか考えてみましょう。

ベストプラクティス

　コメントには「なぜ」を書きましょう。関数の仕様を書く場合はコメントでなく、docstringに書きましょう。

```
def do_something(users):
    """ ～～をする処理

    複数のユーザーに対して <do_something> を行う。
    ～～の場合に～～なので、ユーザーのデータを変更する必要がある。
    """
    # SQLの実行回数を減らすために、このループは別関数に分離せずに処理する
    for user in users:
        ...
    return users
```

　コードを読むだけでは理解しにくいプログラムの場合、処理の意味と、**なぜそう書くのか**をコメントに書きましょう。

　コメントは**「なぜこう処理しないのか」の説明**と考えても良いでしょう。プログラムを読んだ人が「当たり前に考えた」ときに違和感があるような処理に「なぜこのような処理をしているのか」を注釈する場合などに使うと効果的です。

　過去の経緯や外部ライブラリの都合で合理的でない処理を書くときに、チケットやイシューへのURLを書きつつ「なぜこのような処理をしないのか」とコメントを説明しておくと良いでしょう。単純な理由の説明、関数やクラス、画面の必要性はコミットログに書いておけば十分です。

　「何をしているか」をコメントに書くのは、処理が複雑な場合だけにしましょう。その複雑な処理のまとまりごとに「何をしているか」をコメントに書きます。この場合、まとまりを意味づけ

できるのであれば関数化したほうがより良いでしょう。

```python
# 商品コードであることを確認する
if re.match(r"[1-9][0-9]{15}", code):
    ...

# より良い: 関数化
def is_valid_item_code(code):
    return bool(re.match(r"[1-9][0-9]{15}", code))
```

≫11　コントローラーには処理を書かない

main()関数やWebフレームワークのコントローラー（DjangoのView）に処理を書きすぎてはいませんか？

具体的な失敗

ここではWebフレームワークDjangoで、View関数に書かれた処理を例に説明します。

```python
@login_required
def item_list_view(request, shop_id):
    shop = get_object_or_404(Shop, id=shop_id)
    if not request.user.memberships.filter(role=Membership.ROLE_OWNER, shop=shop).exists():
        return HttpResponseForbidden()

    items = Item.objects.filter(shop=shop,
                                published_at__isnull=False)
    if "search" in request.GET:
        search_text = request.GET["search"]
        if len(search_text) < 2:
            return TemplateResnponse(request, "items/item_list.html",
                                     {"items": items, "error": "文字列が短すぎます"})
        items = items.filter(name__contains=search_text)
    prices = []
    for item in items:
        price = int(item.price * 1.1)
        prices.append(f"{price:,}円")
    items = zip(items, prices)
    return TemplateResponse(request, "items/item_list.html", {"items": items})
```

このプログラムはitem_list_view関数に処理を書きすぎています。

・ログインユーザーが店舗（**Shop**）のメンバーかのチェック
・商品（**Item**）の一覧取得

- 店舗の商品のみ取得
- 公開された商品のみ取得
- クエリーパラメーター search の取得
  - 文字列が短すぎる場合はエラー画面の表示
  - search が有効な場合は、商品名で商品一覧の絞り込み
- 表示に使う商品の税込み値段一覧を作成
- レスポンスの返答

ベストプラクティス

　コントローラーでは値の入出力と、処理全体の制御のみ行うべきです。コントローラーに細かい処理まで実装すると、コントローラーに書かれるプログラムが多くなりすぎます。それでは処理全体の見通しが悪くなるだけでなく、単体テストもしにくくなります。上記の item_list_view 関数の処理もほとんどは別の関数やコンポーネントに分離して実装すべきです。

　処理をそれぞれ分離したあとの item_list_view 関数は以下のようになります。

▶ **リスト1.1　views.py**

```python
@login_required
def item_list_view(request, shop_id):
    shop = get_object_or_404(Shop, id=shop_id)
    validate_membership_permission(request.user, shop, Membership.ROLE_OWNER)

    items = Item.objects.filter(shop=shop).published()
    form = ItemSearchForm(request.GET)
    if form.is_valid():
        items = form.filter_items(items)
    return TemplateResponse(request, "items/item_list.html",
                            {"items": items, "form": form})
```

それぞれの処理が、どういう処理の呼び出しに置き換わっているか見てみましょう。

- 店舗の取得と、存在しない場合の 404 画面表示：Django が提供する get_object_or_404 関数
- ログインユーザーが店舗のメンバーかチェック：分離した validate_membership_permission 関数
- 公開された商品のみ取得：Item.objects...published()
- search クエリーパラメーターの処理：ItemSearchForm フォーム
- search の内容での商品絞り込み：ItemSearchForm.filter_items メソッド

　このように個々に意味づけでき、まとめられる処理は別の関数などに分離し、コントローラーでは分離した関数を次々に呼び出す程度の処理に留めましょう。たとえば validate_ membership_permissionは、userが店舗shopのroleという役割のメンバーかをチェックします。もしメンバーでない場合はPermissionDeniedをraiseすることで、Djangoは自動で403 Forbidden用の画面を表示します。

　それぞれ分離した関数などの処理は以下のようになります。

▶ リスト1.2　validators.py

```
from django.core.exception import PermissionDenied


def validate_membership_permission(user, shop, role):
    if not user.memberships.filter(role=role, shop=shop).exists():
        raise PermissionDenied
```

　クエリーパラメーターの扱いは、DjangoであればFormを活用しましょう。Pythonでは他にもdeform[1]やWTForm[2]というライブラリがあるのでぜひ使ってみてください。入力に応じて商品の絞り込みをする処理も、Formに実装すると良いでしょう。

▶ リスト1.3　forms.py

```
class ItemSearchForm(forms.ModelForm):
    class Meta:
        model = Item
        fields = ("name",)


    def filter_items(self, items):
        name = self.cleaned_data["name"]
        items = items.filter(name__contains=name)
        return items
```

　「公開済み」商品を絞り込む処理は、DjangoであればQuerySetに実装しましょう。また、商品の税込み金額を計算する処理はprice_tax_inclプロパティーに実装しています。

▶ リスト1.4　models.py

```
class ItemQuerySet(models.QuerySet):
    def published(self):
        return self.filter(published_at__isnull=False)


class Item(models.Model):
    name = models.CharField(min_length=3, max_length=127)
    published_at = models.DateTimeField(null=True, blank=True)
```

※1　https://docs.pylonsproject.org/projects/deform/en/latest/

※2　https://wtforms.readthedocs.io/en/stable/

```
    objects = ItemQuerySet.as_manager()

    @property
    def price_tax_incl(self):
        return cal_tax_included(self.price)
```

　商品の金額をコンマ区切りに表示する処理は、コントローラーではなくHTMLの描画処理に実装するのが良いでしょう。「コンマ区切りに表示したい」というのは画面の見やすさ上の問題であるため、コントローラーの責務ではありません。Djangoであればintcommaテンプレートフィルターを使うことで、数字をコンマ区切りに表示できます。

▶ **リスト1.5　items/item_list.html**

```
{% load humanize %}
<form>
    {{ form }}
    <button type="submit">Search</search>
</form>
{% for item in items %}
    {{ item.price_tax_incl|intcomma }}
{% endfor %}
```

　コントローラーに実装を書くと、単体テストのたびに用意するフィクスチャー（テスト用のデータや環境の準備）が多くなるのが問題です。

　少しでも複雑な処理やコントローラーの入出力に関係しない処理があれば、その処理の意味を考えて別の関数に分離しましょう。Webフレームワークを使う場合はForm、Template、Modelなどフレームワークが提供する各コンポーネントに処理や責務を分離しましょう。Webアプリケーションが行う処理はとても複雑なので、適切に責務を分離しないとプログラムを管理できなくなります。それぞれ、以下のような責務を持っています。

- Form：入力のバリデーションチェック
  - HTMLの画面に入力フォームを表示する
  - フォームから送信されたデータの検証をする
- Template：値の描画
  - テンプレートと値から、HTMLを描画してブラウザー上の画面を表示する
  - 「数字のコンマ区切り」や「100文字以上は … で略す」のような表示上の処理をする
- Model：データの保存
  - データベースに情報を永続化する
  - 永続化されたデータを条件を指定して取得する
  - 「税込み価格の取得」や「公開済み商品の取得」というよくある処理をモデルのプロパティーやQuerySetに実装する

　ここで複数のモデルや外部システムに連携する処理はモデルに実装してはいけません。特定の
モデルが他のモデルの状態や外部システムに強く依存するようになり、単体のモデルやデータと
して扱いにくくなるからです。

　「商品の購入」のように複雑な処理は、複数モデル、外部システムに依存することになるでしょ
う。たとえば商品購入履歴の作成、クレジットカードでの決済、メール通知、カートのリセット
など複数のモデルや外部システムが関連する処理になります。purchase_item(user, item)
などの関数として分離して、purchase.pyやitem.py、registry.pyというモジュールに関数
を置きましょう。View関数やモデルに書くには複雑すぎる処理なので、別の関数として分離すべ
きです。

1.2

クラス設計

≫12　辞書でなくクラスを定義する

　クラスを作るのに抵抗感がありませんか？　積極的にクラスを定義する利点と、辞書で処理し続ける問題は何でしょうか。

具体的な失敗

```python
import json
from datetime import date


def get_fullname(user):
    return user['last_name'] + user['first_name']


def calc_age(user):
    today = date.today()
    born = user['birthday']
    age = today.year - born.year
    if (today.month, today.day) < (born.month, born.day):
        return age - 1
    else:
        return age


def load_user():
    with open('./user.json', encoding='utf-8') as f:
        return json.load(f)
```

　この処理の問題はget_fullnameなどの関数が「ユーザー」という意味を持つ辞書を期待していることです。関数が「特定のキーを持つ辞書」に縛られるので、他の形式の辞書を渡しても正しく動作しません。関数にするのであれば、辞書でなく個別の引数として期待するべきです（**7**「コレクションを引数にせずintやstrを受け取る」P.21参照）。

ベストプラクティス

特定のキーを持つ辞書を期待するなら、クラスを定義しましょう。

```python
import json
from dataclasses import dataclass
from datetime import date


@dataclass
class User:
    last_name: str
    first_name: str
    birthday: date

    # 解説:
    #     クラスにすることで、それぞれの処理をクラスのメソッドやプロパティーとして実装できます。
    #   user.fullnameのように簡潔にプログラムを書けます。
    @property
    def fullname(self):
        return self.last_name + self.first_name

    @property
    def age(self):
        today = date.today()
        born = self.birthday
        age = today.year - born.year
        if (today.month, today.day) < (born.month, born.day):
            return age - 1
        else:
            return age


def load_user():
    with open('./user.json', encoding='utf-8') as f:
        return User(**json.load(f))
```

なぜ「特定のキーを持つ辞書」がダメなのでしょうか。以下のような問題があります。

・特定のキーが存在しているかのチェックが必要になることがある
・他の形式の辞書で使えない関数なので再利用性が低い
　　・再利用性が低い割に、どんな辞書でも引数の形式上受け入れてしまう

またクラスにすることで、以下のメリットがあります。

- REPL（対話型実行環境）でインスタンスを表示するときに、クラス名が表示されるのでわかりやすい
- isinstanceをしてクラスのインスタンスであるかをチェックできる
- 型アノテーションをすると、指定したクラスが引数に渡されるかをチェックできる
- IDEで動的解析をするときに、クラスの定義元にジャンプしたり、関数の入出力をクラスのインスタンスで制限できる
- クラス名でコードを検索すれば、そのクラスが使われている処理をすぐに見つけられる

ただし過剰にクラスにする必要はありません。クラスとして実装すると、テストの際に毎度クラスをインポートして、インスタンス化して値を作る必要があります。目安は、特定のキーを持つ辞書を使う関数が複数に増えてきたときに、クラスにする程度が良いでしょう。

≫13　dataclassを使う

クラス化したときの問題は、引数の多いクラスを定義するのが面倒な点です。こういった場合はどのように実装するのが良いでしょうか。

具体的な失敗

```
class User:
    def __init__(self, username, email, last_name, first_name, birthday, bio, role,↵
mail_confirmed=False):
        self.username = username
        self.email = email
        self.last_name = last_name
        self.first_name = first_name
        self.birthday = birthday
        self.bio = bio
        self.mail_confirmed = mail_confirmed
```

このプログラムが「問題」というわけではありませんが、冗長な印象があります。

ベストプラクティス

Python3.7から使えるdataclassを使いましょう。

```
from dataclasses import dataclass
from datetime import date


@dataclass
class User:
```

```
username: str
email: str
last_name: str
first_name: str
birthday: date
role: str
mail_confirmed: bool = False
```

　__init__メソッドの引数が多いクラスはdataclassを使うと良いでしょう。各引数の型とデフォルト引数を可読性高く設定できます。

　Pythonではクラスの__init__は長くなりがちで読みにくいため、dataclassのほうが良いでしょう。dataclassは型アノテーションも書けるので、mypyで型チェックもできます。また、__init__に処理を詰め込むのも避けられるのでオススメです。

≫14　別メソッドに値を渡すためだけに属性を設定しない

　クラスはとても有効ですが、selfの扱い方を間違えるとクラス内の処理が読みにくくなります。たとえば、次の例を見てください。

具体的な失敗

```
from datetime import date


class User:
    def __init__(self, username, birthday):
        self.username = username
        self.birthday = birthday
        self.age = None

    def calc_age(self):
        today = date.today()
        age = (self.birthday - today).years
        if (self.birthday.month, self.birthday.day) < (today.month, today.day):
            age -= 1
        self.age = age

    def age_display(self):
        return f"{self.age}歳"
```

　このクラスではself.age属性を介して、age_displayメソッドがcalc_ageに依存しています。calc_ageメソッドの前にage_displayを呼び出してしまうと "None歳" という文字が返されてしまいます。

　`__init__`内で`calc_age`を呼び出すようにした場合も、`birthday`を変更すると`calc_age`を呼び出す必要があります。そもそも「事前に他のメソッドを呼び出す必要がある」という設計にするのが良くありません。

ベストプラクティス

　別のメソッドに値を渡すためだけに属性を設定するのはやめましょう。

```python
from datetime import date


class User:
    def __init__(self, username, birthday):
        self.username = username
        self.birthday = birthday

    @property
    def age(self):
        today = date.today()
        age = today.year - self.birthday.year
        if (self.birthday.month, self.birthday.day) > (today.month, today.day):
            age -= 1
        return age

    def age_display(self):
        return f"{self.age}歳"
```

　`age`を属性という状態にするのではなく、`@property`に実装するほうが良いです。変数や属性という「状態」を減らすことで、考えるべきこと、覚えておくべきことが減らせるからです。

　`@property`内の計算が何度もされるのが心配であれば、`functools.lru_cache`を使ってプロパティーの計算結果をメモリーにキャッシュさせると良いでしょう。ただし、今回の`age`の場合は`date.today`に依存しているので、インスタンス化後に`age`が変わらなくなることに注意が必要です。

≫15　インスタンスを作る関数をクラスメソッドにする

　クラスメソッドの使いどころは少し難しいかもしれません。具体的にどのようなクラスと関数の場合にクラスメソッドにできるか考えてみましょう。

具体的な失敗

```python
from dataclasses import dataclass
```

```
@dataclass
class Product:
    id: int
    name: str


def retrieve_product(id):
    res = requests.get(f'/api/products/{id}')
    data = res.json()
    return Product(
        id=data['id'],
        name=data['name']
    )
```

　このクラスと関数の実装は問題ありませんが、このクラスを使う別のモジュールから、Productクラスとretrieve_product関数をインポートする必要があります。

ベストプラクティス

　外部APIからrequestsで情報を取得する処理をretrieve_product_detail関数に分離して、以下のように実装します。

```
from dataclasses import dataclass

from .dataapi import retrieve_product_detail


@dataclass
class Product:
    id: int
    name: str

    @classmethod
    def retrieve(cls, id: int) -> 'Product':
        """ データAPIから商品の情報を取得して、インスタンスとして返す
        """
        data = retrieve_product_detail(id)
        return cls(
            id=data['id'],
            name=data['name'],
        )
```

　このように実装する利点は、Productをインポートすれば値を取得する処理も使えることです。

```
>>> from models import Product
```

```
>>> product = Product.retrieve(1)
```

　Product.retrieveを呼び出す機会が限定的であればクラスメソッドにする必要はありません。Productが仮に常にAPIから取得すべきデータである場合は、クラスメソッドにしておくと使いやすいでしょう。どちらの場合も、APIにアクセスする処理そのものは、別途のモジュールにAPIにアクセスするだけの関数としてまとめておくべきです。

[関連]

・**18**　モジュール名のオススメ集 （P.43）

1.3

モジュール設計

≫16 utils.pyのような汎用的な名前を避ける

　Pythonのモジュール（Pythonファイル）を分割するとき、とりあえずでutils.pyという名前にしていませんか？

具体的な失敗

　以下のような関数をすべてutils.pyにまとめるのはやめましょう。

▶ リスト1.6 **utils.py**

```python
from datetime import timedelta
from urllib.parse import urlencode

from payment.models import Purchase


def get_purchase(purchase_id):
    return Purchase.objects.filter(published_at__isnull=False).get(id=purchase_id)


def takeover_query(get_params, names):
    return urlencode({k: v for k, v in get_params.items() if k in names})


def date_range(start, end, step=1):
    current = start
    while current <= end:
        yield current
        current += timedelta(days=step)
```

　utils.pyというモジュール名はなるべく使わないのが良いでしょう。ビジネス上の仕様に深く関わる処理や、データの仕様などに関係する処理を、「ユーティリティー」というモジュールにまとめるのは不適切です。ユーティリティーには「有益なもの」「便利なもの」くらいのニュアンスしかありません。

ベストプラクティス

まずデータをフィルターする処理はmodels.pyなどにまとめるのが良いです。Djangoフレームワークを使う場合はQuerySetのメソッドに実装できます。

▶ リスト1.7　models.py

```python
from django.db import models


class PurchaseQuerySet(models.QuerySet):
    def filter_published(self):
        return self.filter(published_at__isnull=False)


class Purchase(models.Model):
    ...
    objects = PurchaseQuerySet.as_manager()
```

また、「リクエスト」に関係する処理であれば、request.pyなど別のモジュールを作るのが良いでしょう。

▶ リスト1.8　request.py

```python
from urllib.parse import urlencode


def takeover_query(get_params, names):
    return urlencode({k: v for k, v in get_params.items() if k in names})
```

utils.pyには、特定のフレームワークやデータ、ビジネス上の仕様などに関係ない汎用的な関数だけをまとめましょう。

▶ リスト1.9　utils.py

```python
from datetime import timedelta


def date_range(start, end, step=1):
    current = start
    while current <= end:
        yield current
        current += timedelta(days=step)
```

common.pyやview_utils.pyというモジュール名には注意が必要です。「少し置き場所に困った」関数を無思慮に入れがちになります。

クラスを作る場合、自ずと意味（クラスの意味）が求められる場合が多いのでutils.py内に置くのは不向きです。仮にライブラリやビジネス上の処理に関係しないものとしても、クラスは意味が強くなりがちです。たとえばリンクリストを実装したクラスを作るのであればlinkedlist.pyのような専用のモジュールを作ることをオススメします。

関連

・17　ビジネスロジックをモジュールに分割する（P.41）

≫17　ビジネスロジックをモジュールに分割する

モジュールを分割する際は「ビジネスロジック」を意識することが大切です。ビジネスロジックとは具体的な業務に必要な処理のことです。たとえば商品、購入、在庫などを扱うプログラムのことを言います。

ビジネスロジックとモジュール分割がどう関係するのでしょうか？

具体的な失敗

以下の例ではコントローラー（View関数）をまとめるviews.pyモジュールに、View関数でない関数も記述してしまっています。

▶ リスト1.10　views.py

```python
from some_payment_asp import purchase_item


def render_purchase_mail(item):
    return render_to_string('payment/item_purchase.txt', {'item': item})


def purchase(user, item, amount):
    purchase_item(user.card.asp_id, item.asp_id, amount=amount)
    PurchaseHistory.objects.create(item=item, user=request.user)
    body = render_purchase_mail(item)
    send_mail(
        '購入が完了しました',
        body,
        settings.PAYMENT_PURCHASE_MAIL',
        [user.email],
        fail_silently=False,
    )


def item_purchase(request, item_id):
    item = get_object_or_404(Item, id=item_id)
```

```
    purchase(request.user, item, amount=1)
```

この場合item_purchaseだけがView関数なのに、他の関数もView関数のように見えてしまいます。より適切な別のモジュールに分割すべきです。

ベストプラクティス

ビジネスロジックを専用のモジュールに分割しましょう。モジュール名はこの場合、payment.pyとするのが良いでしょう。

▶ **リスト1.11　payment.py**

```python
from some_payment_asp import purchase_item


def render_purchase_mail(item):
    return render_to_string('payment/item_purchase.txt', {'item': item})


def purchase(user, item, amount):
    purchase_item(user.card.asp_id, item.asp_id, amount=amount)
    PurchaseHistory.objects.create(item=item, user=request.user)
    body = render_purchase_mail(item)
    send_mail(
        '購入が完了しました',
        body,
        settings.PAYMENT_PURCHASE_MAIL',
        [user.email],
        fail_silently=False,
    )
```

支払いなどに関する処理をまとめるモジュールとしてpayment.pyとしています。自分で命名したモジュールを作成するのは勇気が要るかもしれませんが、あまり難しく考えずに作成しましょう。もしモジュールが不必要に多くなりすぎた場合は、あとで複数のモジュールをまとめれば済みます。

たとえばビジネスで重要になる「商品」「購入」「在庫」などを1つのモジュールにまとめます。これらの処理は主にデータの操作や、外部システムとの連携など重要な処理になるので、まとめて見通しがつくようにしておきます。たとえば「購入」であれば外部の決済サービスと連携することが多いでしょう。決済サービスに関する処理をまとめておけば、「購入」モジュール内で使い回しやすくなります。

複数のデータやシステムと整合性を保ちつつ変更すべきことなども多いので、一貫性を保つべきビジネス上の処理は1つの関数にまとめておくと良いでしょう（中途半端にデータを変更してしまうような処理が実装されると、システム間で整合性が取れなくなり危険です）。

≫ 18　モジュール名のオススメ集

「モジュールを分けましょう」と指摘されても、具体的にどんな名前で分割すべきなのでしょう。ここでは失敗例と、オススメのモジュール名を説明します。

具体的な失敗

```
.
├── common.py
├── utils.py
└── main.py
```

　モジュールの分割が少なく、一部のモジュールが大きくなりすぎるのは問題です。「商品を購入する関数はどこにある？」と疑問になったときに、探すのが難しくなります。また、1つのファイルが大きすぎるとエディターが遅くなる問題や、複数人で開発したときに変更が衝突しやすくなる問題もあります。

ベストプラクティス

　モジュールは、意味でまとめられるときに積極的に分割しましょう。さらに、モジュールが大きくなった場合はパッケージ（__init__.pyのあるディレクトリー）にまとめると良いでしょう。

　たとえば、商品（item）の一覧や購入をするプログラムのパッケージとモジュールの構造は以下のようになります。

```
.
├── api                 # 外部APIにアクセスする処理をまとめる
│   ├── __init__.py
│   ├── item.py         # 商品に関するAPI処理をまとめる
│   └── user.py         # ユーザーに関するAPI処理をまとめる
├── commands            # コマンドラインツールのサブコマンドをまとめる
│   ├── __init__.py
│   ├── list.py         # 商品の一覧を表示するコマンドの入出力を扱う処理をま
│   │                     とめる
│   └── purchase.py     # 商品の購入をするコマンドの入出力を扱う処理をまとめる
├── consts.py           # バックエンドAPIのホストなど定数をまとめる
├── main.py             # ツールのエントリーポイントのmain関数を置く
├── models.py           # 商品やユーザーのデータを永続化するクラスをまとめる
├── purchase.py         # 商品を購入する処理をまとめる
└── validators.py       # コマンドラインからの入力をチェックする処理をまとめる
```

　フレームワークの制約がある場合は基本的に従いましょう。たとえばDjangoのviews.py、models.py、urls.pyやmiddlewares.py、Scrapyのspiders.py、items.py、middlewares.pyがあります。

　定数はconstants.py、consts.pyにまとめます。環境ごとに変わるものはsettingsなど、フレームワークの提供する機能などを使うようにして、定数には絶対に変わらない値だけを入れます。

　バックエンドのAPIサーバーにアクセスする処理をapi.pyモジュールに分割します。別のモジュール内の関数では、APIサーバーのURLやパス、パラメーターなどを記述しないようにします。リクエストに必要なパラメーターやURL を意識せずに使えるようにします。また、APIに名前がある場合は、そのAPI名をたとえばFacebookであれば「facebook.py」のようにできます。

　「アサインする」「入庫する」ような処理のまとまり（近しい関係のビジネスロジックのまとまり）が多い場合はモジュールにまとめます。たとえば質問にアサインする処理をquestion/assign.py、倉庫に在庫を入れるをstorage/stock.pyのようにします（**17**「ビジネスロジックをモジュールに分割する」P.41参照）。

　以下のモジュール名はどのようなアプリケーションでも汎用的に使いやすい名前です。

▶ 表1.5　使いやすいモジュール名

目的	モジュール名
認証	authentication.py
認可、パーミッション	permission.py ／ authorization.py
バリデーション	validations.py ／ validators.py
例外	exceptions.py

関連

・**99**　フレームワークの機能を知ろう（P.232）

ユニットテスト

≫19　テストにテスト対象と同等の実装を書かない

テストを書けと言われるが、どう書けば良いかピンとこないという方は多いのではないでしょうか。次のような例はとてもありがちな失敗です。

具体的な失敗

以下のMD5を計算する関数 calc_md5 の単体テストを考えましょう。

▶ **リスト1.12　main.py**

```python
import hashlib


def calc_md5(content):
    content = content.strip()
    m = hashlib.md5()
    m.update(content.encode('utf-8'))
    return m.hexdigest()
```

この実装の単体テスト内で、実装内でも使われている hashlib.md5 を使ってはいけません。

▶ **リスト1.13　tests.py**

```python
import hashlib
from main import calc_md5


def test_calc_md5():
    actual = calc_md5(" This is Content ")
    m = hashlib.md5()
    m.update(b"This is Content")
    assert actual == m.hexdigest()
```

よく見ると、テストの中に calc_md5 の実装と全く同じ処理が含まれています。これではテストが成功することは間違いないので、テストの意味がありません。実装で根本的に処理が間違っ

ていても、テストが同じ結果になるので間違いには気づけません。

ベストプラクティス

　テスト内で入出力を確認するときは、文字列や数値などの値をテスト内に直接書きましょう。テスト内に、テスト対象とほぼ同等の実装を書いてはいけません。

```
from main import calc_md5


def test_calc_md5():
    actual = calc_md5(" This is Content ")
    assert actual == b"e61994e96b20e3965b61de16077e18c7"
```

　リスト1.13のようなハッシュ計算がされるような処理のテストでも、別途ハッシュを計算して確認しましょう。たとえばLinuxコマンドや、MD5を計算するWebサイトでMD5は計算できます。テスト関数内に何らかの「処理」や「動作」「計算」がある場合は、「これは良くないテストかもしれない」と思って見直してみましょう。

≫20　1つのテストメソッドでは1つの項目のみ確認する

　単体テストの書き方がわかっても、どのように各単体テストを分割すればよいかを考えるのは難しいでしょう。次のような単体テストを書いてしまった経験はないでしょうか?

具体的な失敗

　今回は次のような、単純な関数のテストを考えます。

```
def validate(text):
    return 0 < len(text) <= 100
```

　1つの単体テストに動作確認を詰め込みすぎてはいけません。

```
class TestValidate:
    def test_validate(self):
        assert validate("a")
        assert validate("a" * 50)
        assert validate("a" * 100)
        assert not validate("")
        assert not validate("a" * 101)
```

　こうすると、test_validateは「validate関数の何を確認しているのか」がわからなくなり

ます。単体テストを実行してエラーになったときも「test_validateでエラーがあった」と表示されるので、具体的にどういうケースでエラーがあったのかがわかりません。

（　ベストプラクティス　）

1つのテストメソッドでは、1つの項目のみ確認するようにしましょう。

```
class TestValidate:
    def test_valid(self):
        """ 検証が正しい場合
        """
        assert validate("a")
        assert validate("a" * 50)
        assert validate("a" * 100)

    def test_invalid_too_short(self):
        """ 検証が正しくない：文字が短すぎる場合
        """
        assert not validate("")

    def test_invalid_too_long(self):
        """ 検証が正しくない：文字が長すぎる場合
        """
        assert not validate("a" * 101)
```

このテストでは3つのメソッドに分割しています。テストメソッドの名前を明確にすると、その名前からテストしている内容がわかります。docstringも書くとよりわかりやすくなります。

test_invalidの内容は短いし、根本は同じ意味ですので、test_invalid_too_shortとtest_invalid_too_longをtest_invalidの1つにしても良いです。

pytestを使う場合、以下のようにparametrizeで書くと良いでしょう。テストの項目を、「正しい場合」と「正しくない場合」の2つに分けるとスッキリします。

```
class TestValidate:
    @pytest.mark.parametrize("text", ["a", "a" * 50, "a" * 100])
    def test_valid(self, text):
        """ 検証が正しい場合
        """
        assert validate(text)

    @pytest.mark.parametrize("text", ["", "a" * 101])
    def test_invalid(self, text):
        """ 検証が正しくない場合
        """
        assert not validate(text)
```

≫21　テストケースは準備、実行、検証に分割しよう

　他人の書いたテストコードを見たときに漠然と理解しづらいと思ったことはありませんか？ここではテストケースの見やすい書き方について紹介します。

▌テストコードはゴチャっとしてるもの？

後輩W：んー？

先輩T：どうしたの？

後輩W：自分で以前書いたテストコードを見直したいんですけど、ぱっと見どこを直していいのかわからないんですよね。

先輩T：なるほど―ちょっと見てみよう。

後輩W：はい。

先輩T：これはもう少しテストケースのコードを見やすく分けたほうがいいね。

後輩W：どういうことですか？

先輩T：だいたいユニットテストのテストケースでやることって、テスト対象を実行するための準備と、対象の実行、最後に検証（アサート）っていう3段階に分かれるんだよ。だからその3つに分けてテストケースのコードを書いておくと、あとで他の人が見てもわかりやすいってことだね。

後輩W：ふむふむ。わかりました。やってみます。

具体的な失敗

　これはDjangoアプリで会員登録をするAPIのテストコードです。どこまでがテストの準備で、どこからがテスト対象の実行か区別がつきますか？

```python
class TestSignupAPIView:

    @pytest.fixture
    def target_api(self):
        return "/api/signup"

    def test_do_signup(self, target_api, django_app):
        from account.models import User
        params = {
            "email": "signup@example.com"
            "name": "yamadataro",
            "password": "xxxxxxxxxxx",
        }
        res = django_app.post_json(target_api, params=params)
        user = User.objects.all()[0]
        expected = {
            "status_code": 201,
```

```
        "user_email": "signup@example.com",
    }
    actual = {
        "status_code": res.status_code,
        "user_email": user.email,
    }
    assert expected == actual
```

　開発者はテストコードを手がかりにテスト対象処理の用途や仕様を確認します。テストコードが見づらかったり、理解しづらかったりすると、リファクタリングやテストの修正にも無駄に時間を費やしてしまいます。

ベストプラクティス

　読みやすくするために、テストコードを**準備（Arrange）**と**実行（Act）**と**検証（Assert）**に分けましょう。

```
class TestSignupAPIView:

    @pytest.fixture
    def target_api(self):
        return "/api/signup"

    def test_do_signup(self, target_api, django_app):
        # 準備 ---
        from account.models import User

        params = {
            "email": "signup@example.com",
            "name": "yamadataro",
            "password": "xxxxxxxxxxx",
        }

        # 実行 ---
        res = django_app.post_json(target_api, params=params)

        # 検証 ---
        user = User.objects.all()[0]
        expected = {
            "status_code": 201,
            "user_email": "signup@example.com",
        }
        actual = {
            "status_code": res.status_code,
            "user_email": user.email,
        }
        assert expected == actual
```

コメントがあるから余計わかりやすいと思うかもしれませんが、準備と実行と検証の3段落を空白行で分割してあげるだけで、どこからが準備でどこから実行でというのがわかりやすくなったと思います。

テストコードは、コンピュータが繰り返し実行するだけでなく、人間にとっても可読性の高いコードになるように工夫しましょう。

COLUMN

Arrange Act Assert パターン

ここで紹介したテクニックには、Arrange Act Assert パターンとして知られています。興味のある人はぜひ原文を読んでみてください。

・Arrange Act Assert
　http://wiki.c2.com/?ArrangeActAssert

≫22　単体テストをする観点から実装の設計を洗練させる

単体テストの意味は何でしょうか？　もちろんテスト対象の動作を保証することも大切ですが、「単体テストしやすいか？」という観点から実装の設計を洗練させることも大切です。「テストしにくい実装は設計が悪い」という感覚を身につけましょう。

［具体的な失敗］

まずテスト対象になる、イマイチな設計の関数を見てみましょう。この関数はsales.csvを読み込んで、合計の金額と、CSVファイルから読み込んだデータのリストを返します。

▶ **リスト1.14　sales.py**

```python
import csv


def load_sales(sales_path='./sales.csv'):
    sales = []
    with open(sales_path, encoding="utf-8") as f:
        for sale in csv.DictReader(f):
            # 値の型変換
            try:
                sale['price'] = int(sale['price'])
                sale['amount'] = int(sale['amount'])
            except (ValueError, TypeError, KeyError):
                continue
            # 値のチェック
            if sale['price'] <= 0:
                continue
```

```
        if sale['amount'] <= 0:
            continue
        sales.append(sale)

    # 売上の計算
    sum_price = 0
    for sale in sales:
        sum_price += sale['amount'] * sale['price']
    return sum_price, sales
```

この関数をテストしようとすると、以下のようになります。

▶ **リスト1.15　tests.py**

```
class TestLoadSales:
    def test_invalid_row(self, tmpdir):
        test_file = tmpdir.join("test.csv")
        test_file.write("""id,item_id,price
1,1,100
2,1,100
""")
        sum_price, actual_sales = load_sales(test_file.strpath)
        assert sum_price == 0
        assert len(actual_sales) == 0

    def test_invalid_type_amount(self, tmpdir):
        # 解説: テストのたびにCSVファイルを毎度用意する必要がある

        test_file = tmpdir.join("test.csv")
        test_file.write("""id,item_id,price,amount
1,1,100,foobar
2,1,200,2
""")
        sum_price, actual_sales = load_sales(test_file.strpath)
        assert sum_price == 400
        assert len(actual_sales) == 1

    def test_invalid_type_price(self):
        ...

    def test_invalid_value_amount(self):
        ...

    def test_invalid_value_price(self):
        ...

    def test_sum(self):
        ...
```

　load_sales関数をテストするときは、毎度CSVファイルを用意する必要があり面倒です。無効な行がある場合を確認するとき、値が無効なとき、価格が無効なときなど、個別の確認をするためにCSVファイルの用意が必要です。小さな違いの確認のために、たくさんコードを書く必要があります。

ベストプラクティス

　単体テストを通して、テスト対象コードの設計を見直しましょう。

- 関数の引数やフィクスチャーに大げさな値が必要な設計にしない
- 処理を分離して、すべての動作確認にすべてのデータが必要ないようにする
- 関数やクラスを分離して、細かいテストは分離した関数、クラスを対象に行う（分離した関数を呼び出す関数では、細かいテストは書かないようにする）

　元の処理も以下のように改善しました。

▶ **リスト1.16　sales.py**

```python
import csv
from dataclasses import dataclass
from typing import List


# 解説: 売上（CSVの各行）を表すクラスに分離する
@dataclass
class Sale:
    id: int
    item_id: int
    price: int
    amount: int

    def validate(self):
        if sale['price'] <= 0:
            raise ValueError("Invalid sale.price")
        if sale['amount'] <= 0:
            raise ValueError("Invalid sale.amount")

    # 解説: 各売上の料金を計算する処理をSalesに実装
    @property
    def price(self):
        return self.amount * self.price


@dataclass
class Sales:
    data: List[Sale]
```

```python
    @property
    def price(self):
        return sum(sale.price for sale in self.data)

    @classmethod
    def from_asset(cls, path="./sales.csv"):
        data = []
        with open(path, encoding="utf-8") as f:
            reader = csv.DictReader(f)
            for row in reader:
                try:
                    sale = Sale(**row)
                    sale.validate()
                except Exception:
                    # TODO: Logging
                    continue
                data.append(sale)
        return cls(data=data)
```

　プログラムの行数は少し長くなりましたが、テストのしやすさ、再利用性、可読性が向上しています。単体テストも、各クラス Sale や Sales ごとに細かく書けます。

```python
import pytest


class TestSale:
    def test_validate_invalid_price(self):
        # 解説: 値の確認をするテストでCSVを用意する必要がなくなった
        sale = Sale(1, 1, 0, 2)
        with pytest.raises(ValueError):
            sale.validate()

    def test_validate_invalid_amount(self):
        sale = Sale(1, 1, 1000, 0)
        with pytest.raises(ValueError):
            sale.validate()

    def test_price(self):
        ...


class TestSales:
    def test_from_asset_invalid_row(self):
        ...

    def test_from_asset(self):
```

```
        ...

    def test_price(self):
        ...
```

　この場合、test_validate_invalid_priceに必要な情報の用意はSale(1, 1, 0, 2)で済みます。改善前のように毎度CSVファイルを用意する必要がなくなりました。

　毎度CSVファイルが必要な場合も同じCSVを使い回せば良いのでは？　と思われるかもしれませんが、この問題については**26**「テストケース毎にテストデータを用意する」（P.61）で説明します。

　CSVファイルを便利に作れるテスト用のユーティリティー関数を作ることも良いですが、そのユーティリティー関数の実装が複雑化すると、その実装のテストまで必要になります。また毎度CSVファイルを作るので、単体テストの動作速度は遅くなります。

　テストをより良く書こうとするのでなく、そもそも実装の設計を見直そうと考えたほうが良いでしょう。

- 細かい条件や分岐の処理を別の関数にする
    - その関数だけ細かい条件でテストする
- 全体を通すような処理は分岐を網羅するだけのテストメソッドで十分とする
    - 細かい条件は個々に分離した単体テスト内でテストするので、保証しなくても良い

　テストが書きやすい実装は、自然と設計も良くなります。単体テストを書くというのは、設計を見直す機会とも考えましょう。繰り返すうちに、テストしやすい設計（＝メンテナンス性の高い良い設計）が自然とできるようになります。

　テストを書くときにmockやテストユーティリティーに頼りすぎると設計を見直す機会を失ってしまいます。mockなどで無理に単体テストを通すよりも、「関数設計が良くならないか？」「データ、モデル設計が良くならないか？」と考えてみることが大切です。

関連

- **26**　テストケース毎にテストデータを用意する（P.61）
- **31**　過剰なmockを避ける（P.73）

≫23 テストから外部環境への依存を排除しよう

単体テストを書くときは、テストが外部環境に依存しないように注意しましょう。
次のような単体テストを書いたことはありませんか？

具体的な失敗

以下の実装のテストを考えましょう。

▶ リスト1.17 api.py

```python
import requests


def post_to_sns(body):
    # 解説: この行で外部にアクセスしている
    res = requests.post('https://the-sns.example.com/posts', json={"body": body})
    return res.json()


def get_post(post_id):
    res = requests.get(f'https://the-sns.example.com/posts/{post_id}')
    return res.json()
```

このテスト対象のように、外部へのアクセスが発生する処理を単純にテストしてはいけません。

▶ リスト1.18 tests.py

```python
import requests

from .api import get_post, post_to_sns


class TestPostToSns:
    def test_post(self):
        data = post_to_sns("投稿の本文")
        assert data['body'] == "投稿の本文"

        data2 = get_post(data['post_id'])
        assert data2['post_id'] == data['post_id']
        assert data2['body'] == "投稿の本文"
```

外部へアクセスするテストを避けるべき理由は以下です。

・動作が遅い

- 何度も実行されているうちに影響が大きくなる
    - 外部APIにアクセスしすぎてDoS攻撃（Denial of Service attack）になってしまう
    - ローカル環境にファイルが溜まりすぎる
    - クラウドサービスの利用料がかかってしまう
- 外部にデータが残り、実行ごとに結果が変わる

ベストプラクティス

　単体テストから外部環境への依存を排除しましょう。requestsがバックエンドサーバーへアクセスするのを、responses[3]を使ってモックしましょう。

```python
import responses

from .api import get_post, post_to_sns


class TestPostToSns:
    @responses.activate
    def test_post(self):
        # 解説: 外部環境へのアクセスを、responsesを使ってモックしている
        responses.add(responses.POST, 'https://the-sns.example.com/posts',
                      json={"body": "レスポンス本文"})

        data = post_to_sns("投稿の本文")

        assert data['body'] == "レスポンス本文"

        # 解説: 正しく外部アクセスが呼び出されたことを確認する
        assert len(responses.calls) == 1
        assert responses.calls[0].request.body == '{"body": "投稿の本文"}'
```

responsesを使うことで、requestsによる外部アクセスを制限しつつ動作確認ができます。
他にも、具体的には以下のような外部環境があります。

- 外部のAPIやサービス（Twitter、SlackなどのAPI）
    - responsesを使ってrequestsをモックする
- データベースサーバーなどのミドルウェア（MySQLやRedisなど）
    - RDBはバックエンドをSQLiteに切り替える
    - Redisはfakeredis[4]に置き換える
- クラウドサービス（S3、DynamoDBなど）

※3　https://github.com/getsentry/responses

※4　https://pypi.org/project/fakeredis/

・moto[5]でモックに置き換える
- **単体テストを実行するPC環境やディレクトリー構成**
  - 標準ライブラリの`tempfile`[6]を使う
  - プロジェクト内の仮想環境venvなど、バージョン管理システムで管理されないファイルに依存しない

外部環境との連携や専用のミドルウェアをテストする場合は、別途専用のCI環境を用意してテストすると良いでしょう。

≫24　テスト用のデータはテスト後に削除しよう

テスト用に生成されたテスト用のファイルが原因で、別のテストが失敗してしまったり不必要にマシンのディスク容量を占有してしまったりします。ここでは、テスト用のデータやファイルをどう扱うべきかについて説明します。

具体的な失敗

以下は、事前準備としてpytestの`setup_method`でテスト用のCSVを生成するコード例です。このコードでは実行時にテスト用のCSVが用意されますが、ずっとファイルが残り続けます。

```python
class TestImportCSV:

    def setup_method(self, method):

        self.test_csv = 'test_data.csv' # <- 削除されないのでテスト実行後も永遠に残り続ける
        with open(self.test_csv, mode="w", encoding="utf-8") as fp:
            fp.writelines([
                'Spam,Ham,Egg\n',
                'Spam,Ham,Egg\n',
                'Spam,Ham,Egg\n',
                'Spam,Ham,Egg\n',
                'Spam,Ham,Egg\n',
            ])

    def test_import(self):
        from spam.hoge import import_csv
        from spam.models import Spam

        import_csv(self.test_csv)

        assert Spam.objects.count() == 5
```

※5　http://docs.getmoto.org/en/latest/

※6　https://docs.python.org/ja/3/library/tempfile.html

　このCSVはわずか5件ですが、それでも意識的に削除しない限りマシンのディスク容量を占有してしまいます。また削除されていないので、誤って他のテストケースが参照した場合、テストが失敗してしまう可能性があります。

ベストプラクティス

　テスト用の一時的なファイルを作ったときは、テストケースが終わるタイミングで削除しましょう。なるべく他のテストケースに影響を与えない状態を作れるように工夫できると良いです。

　たとえばtempfileモジュールにあるNamedTemporaryFileを使うと一時的なファイルが作られ、ファイルクローズと同時に自動的に削除してくれます。

```python
class TestImportCSV:

    def setup_method(self, method):
        import tempfile

        self.test_fp = tempfile.NamedTemporaryFile(mode="w", encoding="utf-8")
        self.test_csv = self.test_fp.name
        self.test_fp.writelines([
            'Spam,Ham,Egg\n',
            'Spam,Ham,Egg\n',
            'Spam,Ham,Egg\n',
            'Spam,Ham,Egg\n',
            'Spam,Ham,Egg\n',
        ])
        self.test_fp.seek(0)

    def teardown_method(self, method):
        self.test_fp.close()   # <- クローズすると自動で削除される

    def test_import(self):
        from spam.hoge import import_csv
        from spam.models import Spam

        import_csv(self.test_csv)

        assert Spam.objects.count() == 5
```

　自動で削除されないようなデータも、teardownメソッドなどで必ず削除すべきです。

≫25　テストユーティリティーを活用する

　テストを書くときは、なるべく便利なユーティリティーを活用しましょう。オープンソースとして公開されているライブラリがたくさんあるので、手持ちの知識を蓄えておきましょう。

具体的な失敗

Djangoの View 関数をテストするプログラムから、その失敗を学びましょう。

```python
import pytest

from .models import Organization, Post, User


class TestPostDetailView:
    @pytest.mark.django_db
    def test_get(self, client):
        organization = Organization.objects.create(
            name="beproud",
        )
        author = User.objects.create(
            username="theusername",
            organization=organization,
        )
        post = Post.objects.create(
            title="ブログ記事のタイトル",
            body="ブログ記事の本文",
            author=author,
            published_at="2018-11-05T00:00:00+0900",
        )

        res = client.get(f"/posts/{post.id}/")

        assert res.context_data["title"] == "ブログ記事のタイトル"
        assert res.context_data["body"] == "ブログ記事の本文"
        assert res.context_data["author_name"] == "theusername"
```

　この単体テストは悪くはありませんが、テスト対象に関係しない Organization のデータまで作成しています。User が Organization に依存しているので仕方なく用意していますが、検証したい項目には関係しないので省いたほうがより良いでしょう。

　しかし、複数のテストで使い回す organization を作ることは推奨しません。詳しくは 26 「テストケース毎にテストデータを用意する」(P.61) で説明します。

ベストプラクティス

factory-boy[7] を使いましょう。不要なフィクスチャーの作成が不要になります。

▶ **リスト1.19　tests.py**

```python
import pytest
```

---

[7]　https://factoryboy.readthedocs.io/en/latest/

```
from .factories import OrganizationFactory, PostFactory, UserFactory


class TestPostDetailView:
    @pytest.mark.django_db
    def test_get(self, client):
        post = PostFactory(
            title="記事タイトル", body="記事本文",
            author__username="theusername"
        )

        res = client.get(f"/posts/{post.id}/")

        assert res.context_data["title"] == "ブログ記事のタイトル"
        assert res.context_data["body"] == "ブログ記事の本文"
        assert res.context_data["author_name"] == "theusername"
```

　このテストからインポートしているfactories.pyは以下のようになります。各モデルについて「ファクトリー」を定義しています。

▶ **リスト1.20　factories.py**

```
import factory

from .models import Organization, Post, User


class OrganizationFactory(factory.django.DjangoModelFactory):
    name = 'beproud'

    class Meta:
        model = Organization


class UserFactory(factory.django.DjangoModelFactory):
    username = 'foobar'
    organization = factory.SubFactory(OrganizationFactory)

    class Meta:
        model = User


class PostFactory(factory.django.DjangoModelFactory):
    title = '記事タイトル'
    body = '記事本文'
    author = factory.SubFactory(UserFactory)
    published_at = None
```

```
class Meta:
    model = Post
```

　factory-boyを使うことで、モデル作成に必要なデフォルトの値を指定せずに済みます。テストに関係する値のみ指定することで、テストのコードを最小限にできます。

　factory-boyの他にも便利なテストユーティリティーがあります。

▶ 表1.6　便利なテストユーティリティー

ユーティリティー	説明	補足
django.test	Djangoなどフレームワークによっては、テストで便利に使える機能をフレームワーク自体が提供している	django.test.TestCase：Djangoのプロジェクトをテストする場合に便利なassertメソッドを持っているテストケースクラス django.core.mail.outbox：テスト中に送信されたメールが保存されているオブジェクト。メールの中身が正しいかをテストできる。詳しくはDjangoのドキュメント[※8]に詳解されている
tempfile （Python標準）	一時ファイルを作成できる。作成したファイルを削除する必要がない	ファイルを削除しないと、テストを実行するごとに不要なファイルが生成される
responses	requestsライブラリのモックをする	23「テストから外部環境への依存を排除しよう」（P.55）参照
freezegun	現在日時をテスト中に止められる	mock.patchできないdatetime.nowを簡単にパッチできる。datetime.nowを使うテストを書く場合に使う
pytest	Python標準のunittestよりも、より簡単に、強力にテストを書けるツール	assert actual == 3のように書くだけで、エラー時に詳細な情報が表示される。self.assertEqualのように書く必要がない。tempfileをより便利に使えるtmpdirなど、付属の機能が提供されている
pytest-django	Django用のテストを、pytestで便利に書けるようにするツール	Djangoのdjango.testはunittestをベースにしているので、pytestでDjangoプロジェクトをテストする場合は使う
pytest-freezegun	freezegunをpytestで便利に使えるツール	
pytest-responses	responsesをpytestで便利に使えるツール	

　プロジェクト内で汎用的に使える機能を、テストユーティリティーとしてまとめておくと良いでしょう。testing.pyモジュールなどに関数などを分離してまとめておきます。たとえば、外部連携を頻繁にするプロジェクトのときに「外部システムへデータを保存する」という処理を簡単にモックする関数を用意しておきます。ただし、複雑な処理を自前のテストユーティリティーで行うようにしてはいけません。自前ユーティリティーの処理自体にバグを仕込む可能性が高くなるからです。

≫26　テストケース毎にテストデータを用意する

　テストコードを修正したら、関係のないところでテストが失敗してしまって困ったことはありませんか？　テストデータを使い回すと、意図しないテストの失敗を招いてしまいます。

※8　https://docs.djangoproject.com/ja/2.2/topics/testing/tools/

具体的な失敗

square_listという整数のリストの各要素を2乗してまたリストとして返す関数があるとします。

```
# spam.py ----

def square_list(nums):
    return [n * n for n in nums]

# 実行イメージ
# square_list([1, 2, 3]) => [1, 4, 9]
```

この関数に対して、下記のようなテストコードを書いたとします。

```
# 本来は別のテスト使うテストデータ生成関数をimport
from spam.tests.other_fixtures import get_other_fixtures

class TestSquareList:

    def test_square(self):
        # Arrange --
        from spam import square_list

        test_list = get_other_fixtures() # => [1, 2, 3] がテストデータとして取得できる

        # Act --
        actual = square_list(test_list)

        # Assert --
        expected = [1, 4, 9]
        assert actual == expected
```

square_listという関数をテストするために、たまたま他のテストで用意した整数のリストを返す関数get_other_fixturesを利用しています。

この状態で、他の開発者が**別のテストを修正する目的**でget_other_fixtures関数の戻り値を変更したらどうなるでしょうか？　もちろんこのTestSqureListのテストケースは失敗してしまいます。

このテストを書いた本人ならば、すぐに原因もわかるかもしれませんが、他の開発者は別のテストを修正しているつもりなので、原因がわかるまでに時間がかかってしまうでしょう。

ベストプラクティス

上記のようなトラブルを避けるためにも、フィクスチャーを複数のテスト間で使い回すのを極

力避けましょう。理想的には個々のテストケースの中でのみ有効なフィクスチャーを用意して、他のテストには影響を与えないようにしましょう。

```python
class TestSquareList:

    def test_square(self):
        # Arrange --
        from spam import square_list

        test_list = [1, 2, 3]   # 専用のテストデータを用意

        # Act --
        actual = square_list(test_list)

        # Assert --
        expected = [1, 4, 9]
        assert actual == expected
```

　フィクスチャーを使い回さないという考えは、factory-boyなどのフィクスチャーを自動生成するライブラリを使うときにも適用できます。たとえばよくあるのが、Factoryクラスのデフォルト値に依存したテストを書いてしまうケースです。

```python
from spam.tests.factories import SpamFactory

class TestGetSpamByName:

    def test_get_spam_by_name(self):
        from spam.hoge import get_spam_by_name

        spam = SpamFactory()

        actual = get_spam_by_name(spam.name)

        assert actual.name == "spam1"
```

　actual.name == "spam1"というコードはSpamFactory.nameのデフォルト値（spam1）に依存しています。先ほどのget_other_fixturesと同様に、デフォルト値を変更した場合は、このテストは失敗してしまいます。
　意図しないテストの失敗を避けるためには、テストケースの中で必要なフィクスチャーを用意することです。

```
class TestGetSpamByName:

    def test_get_spam_by_name(self):
        from spam.hoge import get_spam_by_name

        spam = SpamFactory(name="spam1") # <- nameを指定して、デフォルト値を使わない

        actual = get_spam_by_name(spam.name)

        assert actual.name == "spam1"
```

別解として、デフォルト値を使って検証するという方法もあります。

```
class TestGetSpamByName:

    def test_get_spam_by_name(self):
        from spam.hoge import get_spam_by_name

        spam = SpamFactory()

        actual = get_spam_by_name(spam.name)

        assert actual.name == spam.name # <- デフォルト値をそのまま検証に利用
```

検証まで含めてデフォルト値を利用しているので、デフォルト値が変更されてもテストは失敗しません。

COLUMN

▌Fragile Fixture

　この節の内容は、書籍『xUnit Test Patterns（Gerard Meszaros 著、Addison-Wesley Professional 刊、2007年5月）』の「Fragile Fixture（壊れやすいフィクスチャー）」というパターンにつながります。同書の原稿はサイトでも公開されています[9]。
　xUnit Test Patternsは 他にもさまざまなテストのパターンが掲載されているので、テストに困ったときは一度読んでみると良いでしょう。

≫27　必要十分なテストデータを用意する

　ユニットテストを実行しているときに徐々に伸びていくテスト実行時間に不安を覚えたことはありませんか？　ここではテスト実行時間を短くできる方法について説明します。

---

[9] http://xunitpatterns.com/Fragile%20Test.html

> **プログラミング迷子**
>
> ■ **境界値テストのために1万レコード必要なんです**
>
> 後輩W ： テストのレビューお願いします。
>
> 先輩T ： ほいほい。
> なんかこのテスト実行するのに時間かかるね。
>
> 後輩W ： あー、あそこのテストで、テスト用のデータいっぱい生成してるからですかね？
>
> 先輩T ： ふむふむ。なるほど。こんなにデータ作らなくてもいいかもね。
>
> 後輩W ： どういうことです？　そこは1万件データがあるとif分岐してXXの処理を挟むんですが。
>
> 先輩T ： そうだね、本当にテストしたいのはそのif分岐が条件に従って実行されるかってことだよね？
>
> 後輩W ： はい。
>
> 先輩T ： その条件となる1万件はテストのときには任意の数に変更できるようにすれば、無駄にテストデータを生成せずにテストできるよね。
>
> 後輩W ： なるほどー。

具体的な失敗

　DjangoのORMからSpamモデルの件数をカウントして、件数が10,000件を超えるかどうかで結果が変わるようなコードがあるとします。このテストコードを書く場合、10,000件のSpamモデルのデータを用意しないと、ifの分岐をテストできません。テストを実行するたびに、毎回10,000件のデータを生成していては時間がかかりすぎます。

```python
def is_enough_spam(piyo_id):
    if Spam.objects.filter(piyo_id=piyo_id).count() > 10000:
        return True
    else:
        return False
```

ベストプラクティス

　上記コードでは、TrueとFalseを返すことがテストできれば良いので、テストをしやすいように、条件となる数値を引数として用意しましょう。テストのときにnum_of_spamを任意の数、たとえば1に変えてテストができます。

```python
def is_enough_spam(piyo_id, num_of_spam=10000):
    if Spam.objects.filter(piyo_id=piyo_id).count() > num_of_spam:
        return True
    else:
        return False
```

　引数で渡せないのであれば条件となる数字を定数化して、それをモックで置き換えるのでも良いでしょう。

```python
NUM_OF_SPAM = 10000

def is_enough_spam(piyo_id):
    if Spam.objects.filter(piyo_id=piyo_id).count() > NUM_OF_SPAM:
        return True
    else:
        return False
```

　モックで置き換えたときのテストコードは下記のようになります。

```python
from unittest import mock

def test_is_enough_spam(self):
    from hoge.tests.factories import SpamFactory

    piyo_id = 9
    SpamFactory(piyo_id=piyo_id)
    SpamFactory(piyo_id=piyo_id)

    # NUM_OF_SPAM = 1 として置き換えられる
    with mock.patch("hoge.NUM_OF_SPAM", new=1):
        from hoge import is_enough_spam

        actual = is_enough_spam(piyo_id=piyo_id)

    self.assertTrue(actual)
```

　mock.patchで直接NUM_OF_SPAMにパッチをあてることで、大量のSpamモデルを生成しなくても対象となる関数のテストが書くことができるようになりました。

　システムが大きくなればなるほど、テストにかかる時間が増えていきます。テストの準備のために大量にデータを作らなければならない場面に遭遇したら、本当に大量のデータが必要か、今一度考えてみてください。もしかしたら、少ないデータでも工夫次第で必要十分なテストが書けるかもしれません。

COLUMN

▌条件に合致しないテストデータも用意する

　たとえば、絞り込み条件のテストをしたいときなど、「条件に合致するテストデータ」しか用意しないのは逆に危険なことがあります。

　いくら条件を指定しても、合致するデータしか存在しないので、本当に条件に合致したデータだけが絞り込まれているかという点が十分に確認できていないケースがあります。

　「条件に合致する」だけでなく「条件に合致しないはず」のテストデータも用意しておくことで、より確実に動作を確認できるでしょう。

≫28　テストの実行順序に依存しないテストを書く

　「なぜかテストが落ちるようになった」、そんなことはありませんか？　各テストメソッドが他のテストメソッドに依存していると、実行の順序が変わったタイミングでテストが失敗するようになります。

　テストの実行順序に依存したテストにはどういった問題があるのでしょうか？

具体的な失敗

▶ **リスト1.21　tests.py**

```python
import pytest


class TestSum:
    def setup(self):
        self.data = [0, 1, 2, 3]

    def test_sum(self):
        self.data.append(4)
        actual = sum(self.data)
        assert actual == 10

    def test_negative(self):
        self.data.append(-5)
        actual = sum(self.data)
        assert actual == 5

    def test_type_error(self):
        self.data.append(None)
        with pytest.raises(TypeError):
            sum(self.data)
```

　このテストは、各テストメソッドが他のメソッドに依存しています。self.dataの中身を変更し続けているので、テストが上から順番に実行されないと成功しません。

　問題は、1つのテストメソッドとして「正しさ」の保証ができない点です。1つのテストとして、何をもって「正しさ」を保証しているかが曖昧になります。テストメソッドが独立していれば、そのテストメソッドだけで正しさを保証できます。他のテストに依存していると、テストを分離したり、移動したり、足したり、消したりするとテストが壊れてしまいます。

　また、テストが依存し合っていると、単純に読みにくくなる場合が多いでしょう。単一のテス

トメソッド以外のデータや処理も見る必要があるからです。

まずデータを使い回さないようにしましょう。

```python
import pytest


class TestSum:
    def test_sum(self):
        assert sum([0, 1, 2, 3, 4]) == 10

    def test_negative(self):
        assert sum([0, 1, 2, 3, 4, -5]) == 5

    def test_type_error(self):
        with pytest.raises(TypeError):
            sum([1, None])
```

　見た目の記述量が多く、冗長になっている印象を受けるかもしれません。ですが単体テストは少し冗長なくらいが良いです。単体テストで確認する内容に関係しないコードはなくすべきですが、メソッド間で共通のデータを持つのはやめましょう。

関連
・**23**　テストから外部環境への依存を排除しよう（P.55）
・**24**　テスト用のデータはテスト後に削除しよう（P.57）
・**26**　テストケース毎にテストデータを用意する（P.61）

≫ 29　戻り値がリストの関数のテストで要素数をテストする

　単体テストで結果の確認するとき、よく陥る罠があります。リスト（正確にはIterable）のテストをするときに、要素数を確認しないことです。

具体的な失敗

　テスト対象として、以下の関数を考えます。

▶ **リスト1.22　items.py**

```python
def load_items():
    return [{"id": 1, "name": "Coffee"}, {"id": 2, "name": "Cake"}]
```

この load_items の動作確認をするとき、以下のように書いてしまっていませんか？

▶ リスト1.23　tests.py

```python
class TestLoadItems:
    def test_load(self):
        actual = load_items()

        assert actual[0] == {"id": 1, "name": "Coffee"}
        assert actual[1] == {"id": 2, "name": "Cake"}
```

　要素数を確認しないと、リストに3つ目の値がある可能性があるのが問題です。予期しないデータが追加で返されていてもバグに気づけません。たとえば load_items のバグで、常にリストの最後に空の辞書が入ってしまうなどが考えられます。

ベストプラクティス

　リスト actual の長さを必ず確認しましょう。

▶ リスト1.24　tests.py

```python
class TestLoadItems:
    def test_load(self):
        actual = load_items()

        assert len(actual) == 2
        assert actual[0] == {"id": 1, "name": "Coffee"}
        assert actual[1] == {"id": 2, "name": "Cake"}
```

　他にも、たとえば辞書やタプル、ジェネレーターがテスト対象でも要素数は確認しましょう。ジェネレーターの場合、actual = list(actual) とリストに変換するほうが扱いやすいです。ジェネレーターを next(actual) == {"id": 1, ...} とテストするのは読みにくいので、リストにしたほうがわかりやすくなります。

　ただし辞書や集合が確認の対象で、余計な値が多少入っていても問題ないのであればすべて確認しなくても良いでしょう。

≫30　テストで確認する内容に関係するデータのみ作成する

　テストが無駄に長くなる原因として、無駄にデータを作成しすぎることがあります。その失敗と、ちょうど良い解法を見ていきましょう。

具体的な失敗

　Djangoのモデルと、モデル用のファクトリー、そしてモデルを絞り込んで取得する関数を考えます。

▶ リスト1.25 factories.py

```python
import factory

from . import models


class BlogFactory(factory.django.DjangoModelFactory):
    name = "ブログ名"

    class Meta:
        model = models.Blog


class PostFactory(factory.django.DjangoModelFactory):
    blog = factory.SubFactory(BlogFactory)
    title = "タイトル"
    body = "本文"

    class Meta:
        model = models.Post
```

　テスト対象になるのは、以下のPostモデルを絞り込む関数です。

▶ リスト1.26 posts.py

```python
from .models import Post


def search_posts(text):
    if ':' in text:
        blog_name, post_text = text.split(':', 1)
        return Post.objects.filter(
            blog__name__contains=blog_name,
            title__contains=post_text,
            body__contains=post_text,
        )
    else:
        return Post.objects.filter(
            title__contains=text,
            body__contains=text,
        )
```

まず、単体テストで過剰に値を指定している例を見てみましょう。

▶ **リスト1.27 tests.py**

```
from .factories import BlogFactory, PostFactory
from .posts import search_posts


class TestSearchPosts:
    def test_search_post(self):
        """ 検索条件から記事を検索する（ブログ名の指定はしない）
        """
        blog = BlogFactory(name="ブログ名")
        post1 = PostFactory(blog=blog, title="八宝菜の作り方", body="しいたけが美味しい")
        PostFactory(blog=blog, title="プラモデルのイロハ", body="合わせ目消しの極意その1...")

        actual = search_posts("しいたけ")

        assert len(actual) == 1
        assert actual[0] == post1
```

このテストメソッドでは「しいたけ」という文字列でPostを検索しています。検索対象になるPostを作るのであればtitleかbodyのどちらかに「しいたけ」という文字列が含まれていれば十分です。ここではbodyに「しいたけ」が含まれているので、十分検索の対象になっています。ですがpost1には不要なtitleが指定されています。また、このメソッドではブログ名での検索はしていないので、blogの指定も不要です。

次は、デフォルト値に頼り過ぎている例を紹介します。

▶ **リスト1.28 tests.py**

```
class TestSearchPosts:
    def test_search_post_blog(self):
        """ ブログ名も指定して記事検索をする
        """
        post1 = PostFactory(title="八宝菜の作り方", body="しいたけが美味しい")

        actual = search_posts("ブログ名:しいたけ")

        assert len(actual) == 1
        assert actual[0] == post1
```

このテストではブログ名を指定しているのに、テスト内ではブログ名を指定していません。search_posts関数に**"ブログ名:しいたけ"**と指定しているので、ブログ名も検索の条件になります。**"ブログ名"**というBlogFactoryのデフォルト値に依存してしまっているので、BlogFactoryの値を変えたときにテストが壊れてしまいます。

ベストプラクティス

以下のポイントを守りましょう。

- テストで確認する内容に関係するデータのみ作成する
- テストに関係しないデータ、パラメーターを作らない、指定しない
- テストに関係するデータ、パラメーターを作る、指定する（デフォルトに依存しない）

```python
class TestSearchPosts:
    def test_search_post(self):
        """ 検索条件から記事を検索する（ブログ名の指定はしない）
        """
        post1 = PostFactory(body="しいたけが美味しい")
        post2 = PostFactory(title="しいたけの栽培法")
        PostFactory(title="プラモデルのイロハ", body="合わせ目消しの極意その1...")

        actual = search_posts("しいたけ")

        assert len(actual) == 2
        assert actual[0] == post1
        assert actual[1] == post2

    def test_search_post_blog(self):
        """ ブログ名も指定して記事検索をする
        """
        post1 = PostFactory(blog__name="ひろきの料理日記", body="しいたけが美味しい")
        post2 = PostFactory(blog__name="料理日記エブリデイ", title="酒盗しいたけ")
        actual = search_posts("料理日記:しいたけ")
        assert len(actual) == 2
        assert actual[0] == post1
        assert actual[1] == post2
```

　test_search_postでは「しいたけを含む記事」を検索するテストをしています。post1では「本文にしいたけが入る場合」、post2では「タイトルにしいたけが入る場合」用のデータを作成しています。ここでpost1にはタイトルを指定しないことに注目してください。search_postsは「タイトルか記事に検索文字が入っていれば取得」する関数なので、タイトルか本文のどちらかが指定されていれば十分です。「プラモデルのイロハ」というデータは検索対象にならない記事が絞り込まれないことを確認しています。このようにフィクスチャーに指定する文字列も必要最小限にすることで、「どの値を対象に、何をテストしているか」が明確になります。

関連

- **26**　テストケース毎にテストデータを用意する（P.61）

≫31 過剰なmockを避ける

mock※10は便利なライブラリですが、使いすぎには要注意です。
mockでよくある失敗から、ベストプラクティスを学びましょう。

具体的な失敗

DjangoのView関数をテスト対象として考えます。

```python
from .forms import PostSearchForm
from .posts import search_posts


def post_list(request):
    if request.GET:
        form = PostSearchForm(request.GET)
        if form.is_valid():
            text = form.cleaned_data['search']
            posts = search_posts(text)
    else:
        form = PostSearchForm()
        posts = Post.objects.all()
    return TemplateResponse(request, 'post_list.html',
                                {'posts': posts, 'form': form})
```

このView関数のテストとしてmockを使いすぎると、次のようになります。

```python
from unittest import mock
from django.test import TestCase

class TestPostList(TestCase):
    @mock.patch('posts.search_posts',
                return_value=[{'title', 'タイトル', 'body': '本文'}])
    @mock.patch('forms.PostSearchForm')
    def test_search(self, m_search, m_form):
        with mock.patch.object(m_form, 'is_valid', return_value=True):
            res = self.client.get('/posts', data={'search': '本文'})

        assert '本文' in res.content.decode()
```

　この例ではView関数の動作のみをテストするためにmockを乱用しています。しかしこのテストから確認できることは、ほぼありません。search=本文のように指定されたクエリーパラメーターが正しくフォームで解釈されて、検索に使われて、テンプレートに描画されるつながりを確認できないからです。

※10 https://docs.python.org/ja/3/library/unittest.mock.html

ベストプラクティス

mockを使いすぎるよりも、単純にデータを作成して動作確認をするほうが良いでしょう。

```
class TestPostList(TestCase):
    def test_search(self):
        PostFactory(title='タイトル')
        PostFactory(title='テスト')

        res = self.client.get('/posts', data={'search': 'タイトル'})

        assert "タイトル" in res.content.decode()
        assert "テスト" not in res.content.decode()
```

mockは、外部アクセスなど単体テストに含めたくない項目のみに使いましょう。データベースアクセスなどはfactory-boyで比較的簡単にデータが作れるので、mockは使わないほうが良いでしょう。

また、フィクスチャーが多く必要になるコントローラー（Viewやコマンド）のテストを通して、細かい条件分岐の動作確認をしてはいけません。上記のプログラムの場合、post_list View関数のテストを通してsearch_posts内部の条件分岐をテストしないでください。search_posts関数のテストは別途用意し、内部を細かくテストします。post_list View関数のテストではその関数が使われているかがわかるテストを1つ書けば十分です。

関連

・22　単体テストをする観点から実装の設計を洗練させる（P.50）

≫32　カバレッジだけでなく重要な処理は条件網羅をする

具体的な失敗

テスト対象として以下の関数を考えます。この処理はユーザーを認証する重要なプログラムです。

```
def find_auth_user(username=None, password=None, team_name=None):
    try:
        users = User.objects.select_related('team').filter(
            (Q(username=username) | Q(email__iexact=username)),
        )
        if team_name:
            # チームユーザー
            users = users.filter(team__name=team_name)
        else:
```

```
        # 個人ユーザー
        users = users.filter(team_id=Team.PERSONAL_USERS_ID)
    return users.get()
except User.DoesNotExist:
    return None
```

この関数のテストとして分岐網羅をすると、以下3つのメソッドが必要です。

```
class TestFindAuthUser:
    def test_team(self):
        """ チームユーザーの場合 """

    def test_personal(self):
        """ 個人ユーザーの場合 """

    def test_not_exist(self):
        """ ユーザーが存在しない場合 """
```

この3つだとユーザーを取得する細かい処理までは確認できません。たとえばfind_auth_userはusernameとemailの両方でユーザーを指定できますが、分岐網羅では片方だけしか網羅できません。

このような場合、実行されていない条件でバグが潜んでいる場合もあります。特にif is_foo(x) or is_bar(x)のように、if文内で処理がある場合は条件網羅もしたほうが良いです。ORMで情報を取得するときも、重要な処理の場合はデータの取得条件ごとにテストを書きましょう。

ユーザー認証は重要な処理なので、細かくテストしておいたほうが良いでしょう。たとえば実装のQ(email__iexact=username) をQ(mail__iexact=username)と間違える可能性は高いです。

[ベストプラクティス]

上記のテストメソッドに、2つ追加しましょう。

```
class TestFindAuthUser:
    ... # 迷子コードのテストにさらに追加して

    def test_email(self):
        """ メールアドレス指定で取得 """

    def test_email_case_insensitive(self):
        """ メールアドレスでは大文字小文字を区別しない """
```

　今回の場合はusernameで認証する場合と、emailで認証する場合それぞれのテストを書きましょう。またemailには「大文字小文字を区別しない確認」も書きます。

　次のような処理も条件網羅すべきです。

・支払い

・認証

・引当て

・データの変更、削除（変更や削除は後戻りできない作業な場合が多いので重要）

1.5

実装の進め方

≫33 公式ドキュメントを読もう

プログラミング迷子

公式ドキュメントは難しいので正解をWebで検索しました

先輩T ：このDjango ModelFormのコード、なんかすごい不思議な書き方になってるんだけ
　　　　ど、どうしてこうなったw
後輩W ：ModelFormの使い方がよくわからなくて、いろいろ調べて書きました。
先輩T ：うーん、それはどうやって調べたの？
後輩W ：いろいろググって調べたんですが、良い感じの情報がなくて……。
先輩T ：そっかー。で、この書き方はどこに書いてあったやつ？
後輩W ：すいません、ちょっと覚えてません。
先輩T ：公式ドキュメントは読んだ？
後輩W ：ちょっとは読んだんですが、よくわからなくていろいろググってました。
先輩T ：公式ドキュメントのここに、そのまんまの使い方が書いてあるで。
後輩W ：あれ……ほんとだ……。

　よく使われている言語やライブラリのドキュメントには、いろいろなことが書かれています。利用者が多ければ多いほど、利用者それぞれの疑問に応えるドキュメントが用意されています。ただし、利用者すべての個別の使い方向けのサンプルを用意するのではなく、抽象度の高い**原理や概念**を説明するドキュメントが用意されることもよくあります。

　しかし、「迷子」はこういった抽象度の高いドキュメントを読み解くよりも、自分と全く同じケースの課題を解決した「具体的な正解」を検索して見つけようとしてしまいます。そのため、誰かのblog等で近いケースを見つけると、**原理や概念**を理解しないままコードを使おうとして、うまく動作しなかったり、解釈が難しい複雑なコードを書いてしまいます。あとから振り返って、公式ドキュメントを読み解くことがゴールへの最短ルートだった、ということがよくあります。

(ベストプラクティス)
　公式ドキュメント（原典）を読みましょう。このとき、時間を制限して取り組むのが大事です。

調べるための**キーワード**がわかっていれば、そのキーワードで検索することで公式ドキュメントの読むべき箇所を見つけられます。キーワードがわからない、見つからないときは、**用語集**を探す、といったアプローチが有効です。仕事のプロジェクトでは用語集をまとめることで曖昧になりがちな言葉の定義を明確にします。用語集になければ、検索を活用して、徐々にキーワードに近づいていく、という方法が使えます[11]。

情報の原典と向き合うには**時間がかかる**ものなので「30分だけ調べる」というように時間を制限して取り組むと良いでしょう。仕事であれば、30分のうち15分で検索して、それでわからなければ10分で質問としてまとめて、最後の5分で誰かに質問するといった時間配分をしましょう。質問としてまとめることで答えに気づいたり、調べるべきことが明確になったりします。

複数のドキュメントを横断して素早く調べたい場合、DashやZealといったドキュメントブラウザーを利用する方法もあります。たとえば、プロジェクトで利用しているPythonとJavaScriptの公式ドキュメントを頻繁に参照する場合、毎回検索したりそれぞれのサイトにアクセスして情報を探したりする手間を省略できます。ドキュメントブラウザーに、参照したいドキュメントをあらかじめダウンロードしておけば、たとえばsplitというキーワードを入力しただけで複数のドキュメントから簡単にほしい情報にたどりつけます。DashやZealはインストールして利用するアプリですが、オンラインで利用できるdevdocs.ioサイトも気軽に利用したい場合には便利です。

- Dash
  https://kapeli.com/dash
- Zeal
  https://zealdocs.org/

≫34　一度に実装する範囲を小さくしよう

プログラミング迷子

■ 一気に遅れを取り戻すためにタスク分割を省略？

先輩T　：SNS連携の実装って今どうなってる？　なかなかレビュー依頼が来ないけど何かハマってる？

後輩W　：SNSへの通知機能、予定より遅れていますが、もう1週間くらいかかりそうです。

先輩T　：え、どうしたの、けっこうかかってるよね。

後輩W　：SNSの認証が必要で、そのライブラリの使い方に手間取りました。コメント欄にSNSに通知するための機能がまだ途中で、ここにもSNSのメンションの自動補完が必要だし、あと、連携解除する機能が必要なこともわかったのでそれも……。

先輩T　：ちょっとまって！　それだとやることが増えていって、いつまでも終わらなそう。

※11　エンジニアの「プロの所作」01. まず自分で調べる：「自分主体で考えて作る」第1歩。わからないことを調べる所作を伝えます - Python学習チャンネル by PyQ: https://blog.pyq.jp/entry/professionalism_of_engineer_01

だから、全部別々に分けてレビュー依頼しましょう。**機能の粒度**が大きくて、作るのもいろいろ考えることが多くて大変だよね。

後輩W ：はい、実はすごい大変で……。

先輩T ：**大きいチケットは分割しよう**、っていうのはこのあいだ『Pythonプロフェッショナルプログラミング』※12 5章の「チケットを分割しよう」を読んで納得してたと思うんだけど、今回はどうして分割できなかったの？

後輩W ：粒度が大きすぎるのは認識していたんですが、もう遅れているので**分割に時間かけてる場合じゃない**と思って……。

先輩T ：なるほど、一気に実装して遅れを取り戻そうとしたのか。

35 「基本的な機能だけ実装してレビューしよう」に続く

SNS連携のような機能を実装する場合、見た目はSNSに投稿するだけの簡単なものでも、内部ではOAuth等による認証が必要だったり、トークンをデータベースに保存しておくといった**多くの前準備**が必要になります。こういったコードを書いたことがないと、実装にどのくらいの時間が必要なのかの**見積もり**ができません。

自分が想定した見積もり時間よりも長くかかってしまうと、「元の予定を取り戻そう」とするだけでなく、「こんなに機能を実現できたので妥当な時間だった」とトータルの時間でつじつまを合わせようとして、より多くの機能を盛り込もうとしてしまうことがあります。そうして一度に多くの機能を実装しようとすると、複数の機能が相互に影響し合って、コードの把握はさらに難しくなっていき、スケジュールはさらに遅れていきます。また、仮に最後までコードを書ききったとしても、そのような複数の要件が絡み合ったコードをレビューするのにも時間がかかります。

ベストプラクティス

一度に実装する範囲を小さくしましょう。

「SNS連携機能」のような一言で済む機能であっても、実装する内容は多岐にわたります。あるいはちょっとした機能だと思っていたものでも「実装し始めると芋づる式にやることが増えていく」というのはよくあるハマりパターンです。あれもこれも、と手を広げる前に**タスクばらし**をしましょう※13。

タスク1つのサイズは、たとえば3時間前後で実装できる範囲を目安にしてみてください。そのうえで、実装とレビューを良いペースで進めていけるサイズを探ってみると良いでしょう。ここでサイズが小さすぎるとレビューのオーバーヘッドが大きくなりますし、サイズが大きすぎると全体のコストはそれ以上に大きくなります。

サイズが小さければ、レビューで確認しなければいけない要件も少なくなるため、レビューが

※12 『Pythonプロフェッショナルプログラミング第3版』（ビープラウド 著、秀和システム 刊、2018年6月）

※13 『管理ゼロで成果はあがる～「見直す・なくす・やめる」で組織を変えよう』（倉貫義人 著、技術評論社 刊、2019年1月）または著者のブログ記事 https://kuranuki.sonicgarden.jp/2016/07/task-break.html

短時間で完了できます。小さい単位で実装とレビューを完了させていくと、**知識の整理**にも役立ちます。実装が完了した時点で、そこで得た知識を開発アーキテクチャドキュメントにまとめましょう。そこには「SNS連携」の続きを実装するための知識も含まれているので、次の部分を実装するときに、この知識を自分で使うことになります。

COLUMN

▌巨大プルリク1件 vs 細かいプルリク100件

　本節のベストプラクティスのように、巨大なレビューを避けて小さい単位でレビュー依頼した場合、今度は「細かいレビューをたくさん依頼しすぎて問題になるのではないか」と心配になるかもしれません。プログラムのコードレビューにGitHubなどのPull Request（PR、プルリク）[14]機能を使っているチームであれば、細かいPRがたくさん作られることになります。その場合、次の記事が考え方の参考になるでしょう。

・「巨大プルリク1件 vs 細かいプルリク100件」問題を考える（翻訳）
https://techracho.bpsinc.jp/hachi8833/2018_02_07/51095

関連

・39　開発アーキテクチャドキュメント（P.85）

≫35　基本的な機能だけ実装してレビューしよう

プログラミング迷子

▌目に見える機能でタスクを分割

先輩T　：一度に実装する範囲を小さくするにはどう分けるといいと思う？

後輩W　：え、はい。ええっと、じゃあ「認証と解除」「メンションの記法と自動補完」「SNS投稿」……。

先輩T　：認証と解除も分けましょう。記法と補完も分けようか。

後輩W　：そこもですか？

先輩T　：はい。**機能の粒度**が大きいと、レビューも大変だから分けよう。

　　　　　認証まわりは、「目に見える機能は何もないけど、内部ではSNS連携が通信レベルで動作するようになったよ」という段階でレビューに出そう。

36「実装方針を相談しよう」に続く

ベストプラクティス

　ごく基本的な機能だけを実装して、その段階で**レビュー**してもらいましょう。

※14　https://help.github.com/ja/github/collaborating-with-issues-and-pull-requests/about-pull-requests

　基本的な機能だけを実装するには、「基本的な機能」とは何かを把握する必要があります。基本的な機能は、「最低限これが動作しないと他の実装すべてが無駄になる、最も重要な部分」です。このため、最終的に実装したい機能の全体像をイメージして、機能間の依存関係を把握すると良いでしょう。ここで言う「機能」はユーザーの目に見えるものだけでなく、内部の仕組み（認証など）も含まれます。

　先ほどの例では「SNSサービスと内部で通信できてトークンを保存して再利用できることを確認する」という機能だけでレビューに出すのが良いでしょう。これだけでも、トークンをどこに置くのか、どのタイミングで通信するのか、エラー時はどうするのか、といったことを設計、実装していくことになり、**実装時間**、**レビュー時間**どちらもある程度必要になります。

≫36　実装方針を相談しよう

　いざコードを書こうと思ったときに、どのように実装したら良いか1人で迷ったことはありませんか？　または、言われたとおりに実装にしたつもりでも、コードレビューに出したら、実装方法が間違っていたなんて経験はありませんか？

　そういった場面に遭遇しないためにはどうすれば良いでしょうか。

プログラミング迷子

■ 多分これで伝わるでしょ vs 多分こういう意味かな

先輩T　：これなんでこんな修正になったの？
後輩W：ちょっと悩みましたが、レビューで指摘されたのでそう直しました。
先輩T　：けど修正されてる内容は私の期待とだいぶ違うよ？
後輩W：えー？
先輩T　：えー？
（TもWも迷子）

[**ベストプラクティス**]

　仕様や設計がどれだけしっかり書かれていても、どんなコードを実装するかは開発者によって異なります。そして、些細な認識違いで仕様や設計意図とは全く異なる実装をしてまうこともあります。そういった場合、コードレビューのタイミングになって、間違いに気づき作業が無駄になってしまうなどのトラブルがあります。

　そのような悲しい状況を避けるためにも、事前にお互いの認識を合わせることが重要です。認識を合わせるというのは、一方的に相手に伝達するのではなく、1つひとつお互いがわかっているかどうか確認し合うことです。

　実装方針に少しでも悩んだら、**実装を始める前に**自分の考えを元に同僚や仲間に相談してみると良いでしょう。たとえば以下のように認識を合わせます。

・コードの断片を交えながら実装の方針を話し合う

・曖昧な表現や暗黙の期待は避けて、「こうします」「こうしてほしい」をお互いに話し合う

・最終的に相談した内容の「結論」を言語化してお互いにそれに合意する

　最初に合意した内容に基づいてコードを書いているので、コードレビューのときにレビューアーが期待していない方向でコードを修正してしまうことを避けられます。また、自分が抱えている問題を言語化して発信することで、よりスマートな解決策が得られる可能性も出てきます。

COLUMN

ラバーダッキング

　他人に相談すると、解決策が見つかりやすいのであえて「アヒルのおもちゃ」に相談することで解決策を探ろうとする方法もあります。このアイデアはラバーダッキングと呼ばれています。たとえば、気になっていることをひとまずテキストとして書き出して、その書き出した内容に客観的に自分でコメントすることでも同様の効果は得られるでしょう。

関連

・34　一度に実装する範囲を小さくしよう（P.78）

≫37　実装予定箇所にコメントを入れた時点でレビューしよう

プログラミング迷子

自分の言葉で設計を説明しよう

後輩W：レビューで指摘されたことを今読み返すと、ちゃんとわかってないまま実装進めちゃってました。次から、気をつけます。

先輩T：それは今だからそう言えるけど、最初読んだときはわかったと思ったんだよね？だとししたら気をつけようがない気がするよ。

後輩W：設計の意図を実装前にちゃんと把握するには、どうすればいいですかね？

先輩T：コードを書き始める前に、設計を元に実装予定箇所にコメントでやることを書いていこう。で、それを先にレビューしましょう。

　あとからなら間違っていたことに気づけても、それを事前に自分で気づくのは難しいものです。また、自分が理解したことを文章で書いて依頼者に確認してもらうとしても、もともとの要件が文章になっている場合、それを改めて書き直してもあまり効果がありません。自分で気づけないことであれば、先に自分の理解を実装コード上で表現してみましょう。

ベストプラクティス

ソースコードの実装予定箇所にTODOコメントを書きましょう。Pull Request（PR）でレビューしているチームであれば、その時点でPRを作ってレビューしてもらいましょう。コメントには、実装の根拠になるチケット番号やドキュメントのURLを書きましょう。

こうして作成したPRのコード差分には、実装コードはまだ書かれておらず、TODOと実装根拠となるURLだけが現れます。これらのTODOや実装根拠の多くは、このPRの実装が完成した際のレビュー確認項目になります。実装に着手する前にこのPRをレビューしてもらうことで、実装の方針に間違いがないことを確認できます。

TODOを書いたソースコードをコミットしてPRを作成したら、TODOそれぞれを実装していきます。実装中にも新しいTODOは増えていくため、気づいた時点でソースコードのコメントに初めと同じようにTODOを追加します。こうすることで、気づいていたけれど実装しているうちに忘れてしまった、といった漏れを防ぎます。他にも、しっかりテストしたいコードを実装したとき、レビューアーに伝えたいことに気づいたときなどに、TODOを追加していきます。

実装中にときどきPR差分をセルフレビューしてみるのもオススメです。普段コードを書いているツールを使わずに差分を読むことで視点が変わり、問題に気づくことがあります。気づいたことはPR差分にTODOコメントとして書いても良いでしょう。

実装を進めてTODOを解決した場合にも、ソースコメントに書いた実装根拠となるURLは残しておきましょう。将来、コードが書かれた経緯をあとから追いかけやすくなります。

関連

・40　PRの差分にレビューアー向け説明を書こう（P.90）

≫38　必要十分なコードにする

機能を開発中についつい気分が乗って、余計な実装まで盛り込んでしまった経験はありませんか？　シンプルに必要十分なコードを書くことがなぜ大切なのか考えてみましょう。

具体的な失敗

あるユーザー情報のつまった辞書のリスト中から**特定の性別のデータだけを抜き出すような関数**を実装するという開発タスクをアサインされたとします。

```
# ユーザー情報のデータ
data_list = [
    {'name': 'shimizukawa', 'gender': 'male', 'age': 40 },
    {'name': 'spam', 'gender': 'female', 'age': 10 },
    {'name': 'ham', 'gender': 'none', 'age': 20 },
    {'name': 'egg', 'gender': 'male', 'age': 70 },
]
```

　ここからデータの抽出ロジックを書いていくうちに、将来的にもっといろんなパターンが必要になるんじゃないかと考え、いろんなパターンで検索できる関数を実装してしまいました。

```python
def filter_various_pattern(data_list, search_key, search_value, search_op):
    """ とにかくいろんなパターンで絞り込みができる関数 """

    result = []
    for data in data_list:
        target_value = data[search_key]
        if search_op == 'eq' and target_value == search_value:
            result.append(data)
        elif search_op == 'gt' and target_value > search_value:
            result.append(data)
        elif search_op == 'gte' and target_value >= search_value:
            result.append(data)
        elif search_op == 'lt' and target_value < search_value:
            result.append(data)
        elif search_op == 'lte' and target_value <= search_value:
            result.append(data)
        elif search_op == 'is' and target_value is search_value:
            result.append(data)
        elif search_op == 'startswith' and target_value.startswith(search_value):
            result.append(data)
        elif search_op == 'endswith' and target_value.endswith(search_value):
            result.append(data)
    return result

# Use function
filter_various_pattern(data_list, 'gender', 'male', 'eq')
```

「いろんな検索パターンに対応可能の関数だ。素晴らしい」
　当初はそういう気持ちで書いてましたが、あとから見返すとこの関数はどんな使われ方をしているのか**パッと見はよくわかりません。**
　他の開発者から見ると性別だけでなく他の検索パターンにも対応しているので、「既存コードのどこかで性別以外の検索をするためにこの関数が使われている」と思われる可能性があります。実際には性別を絞り込む以外の用途には使われていないにも関わらず、です。

┌ ベストプラクティス ┐

　あらゆるパターンに対応できるものよりも、目的を絞った実装をするほうが、将来的な保守性や、拡張のしやすさを維持できます。今回の例で言えば**特定の性別のデータだけを抜き出す**という目的を満たす最小限のコードは以下のようになります。

```
def filter_by_gedner(data_list, gender):
    result = []
    for data in data_list:
        if data["gender"] == gender:
            result.append(data)
    return result

# Use function
filter_by_gender(data_list, 'male')
```

これくらいシンプルであれば、関数の使われ方はすぐにわかるし、保守や改修がしやすくなるでしょう。

コードを書いていると、将来的にわずかな可能性しかないようなケースを想定して、いろんな機能を盛り込みたくなりますが、その分時間がかかるだけでなく、将来的にも無駄になってしまう可能性があります。

そのような気持ちになったときは、本当に必要か今一度考えてみると良いでしょう。1人で判断がつかなければ、同僚や仲間に意見を聞いてみるのも有効な手段です。

・若手開発者の後悔

https://postd.cc/the-sorrows-of-young-developer/

COLUMN

▌YAGNIの法則と、KISSの法則

この節の内容はYAGNI（You ain't gonna need it）の法則やKISS（Keep it simple stupid）の法則としても知られています。興味がある方は一度調べてみてください。

≫39 開発アーキテクチャドキュメント

プログラミング迷子

▌決めた指針はどこにいった？

先輩T ：最近、また関数名にis_をつけるとか、他にもいくつか、決めたことが守られてないようだよ。

後輩W：あー、そういえば前に言われたような気もします。

先輩T ：決めたときに、コーディング規約のページに書いたと思うんだけど、見ていない？

後輩W：すみません、そこは最近見てませんでした。DBやテストのページは見てたんですけど、見るページが多くて毎回全部は見れなくて……。

先輩T ：なるほど、じゃあ1箇所にまとめようか。

　開発中に決めたチームの開発ルールやベストプラクティスは、開発期間とともに増えていきます。内容も、コーディング規約だけでなく、モジュール設計、関数引数の扱い、バリデーション方法、テーブルカラムの扱い、テストコードの書き方、Git等のブランチの扱い、リリース手順、等々、多岐にわたっていきます。

　決めたルールそれぞれをカテゴリ毎にドキュメントやWikiページにまとめていき、いつでも参照できるようにするべきです。しかし、そういったドキュメントには、具体的なコードの書き方やコマンド例、その方法を採用した経緯や哲学などが追記され、重要なポイントを押さえづらくなります。

　そこで、ルールの詳細や具体例とは別に、ルールの決定事項だけをまとめたドキュメントを用意して、開発ルール全体を俯瞰して確認できるようにしましょう。

ベストプラクティス

　チームの開発運用ルールを開発アーキテクチャドキュメントに書いて、更新していきましょう。開発アーキテクチャドキュメントはあらかじめ用意できるものではなく、プロジェクトの結果として完成していきます。チームで合意した選択基準や開発ルールを明文化し、気分や時間経過によって起こる実装方針のぶれをなくすのが、開発アーキテクチャドキュメントの役割です。

　開発アーキテクチャドキュメントには、決定のみを書きます。経緯や具体的な手順などは詳細ページに書き、開発アーキテクチャドキュメントからはリンクで参照しましょう。以下は、開発アーキテクチャドキュメントの目次の一例です。

- 開発手順

  - 要件定義　　　　　　　　　・トピックブランチ
  - 機能設計　　　　　　　　　・Pull Request
  - 実装チケット　　　　　　　・レビュー

- プログラミング

  - コーディングスタイル　　　・docstring
  - 型ヒント　　　　　　　　　・関数設計

- プロジェクト構成

  - 環境変数　　　　　　　　　・モジュール設計
  - ディレクトリ構造

- システム設計

- ・パラメーターのバリデーション
- ・コードの分割

- ・データマイグレーション
- ・エラーハンドリング

- ・データベース

  - ・テーブル定義
  - ・NULLの扱い

  - ・予備カラム

- ・ロギング

  - ・ログレベル
  - ・ログ出力内容

  - ・ログファイル
  - ・Sentry通知

- ・ユニットテスト

  - ・toxを使う
  - ・pytestを使う
  - ・UnitTestを書く

  - ・コーディングスタイルチェック
  - ・CI実行

- ・構成管理

  - ・ChangeLog
  - ・依存パッケージ管理
  - ・ブランチ戦略

  - ・マージ戦略
  - ・デプロイ

- ・トラブルシューティング
- ・本番運用
- ・障害対応

　この例に登場する多くの項目は、本書で紹介している内容です。しかし、書籍や記事等で紹介されているベストプラクティスをまとめることは、開発アーキテクチャドキュメントの目的ではありません。こういった情報は、開発するアプリケーションの種類や、プロジェクトで採用する設計手法、時代によっても変わっていきます。また、プロジェクトメンバー間で考え方が一致している、あたりまえ過ぎる情報を書く必要もありません。プロジェクトの初めに開発アーキテクチャドキュメントを完成させるのではなく、メンバー間での「あたりまえ」にズレが生じて、ルールの明示が必要になったときに追加していきましょう。

　開発アーキテクチャドキュメントは、更新し続ける必要があります。作業や設計、コーディングなどの方針について会話にあがったときに、そこで決めたことを開発アーキテクチャドキュメ

ントに書き足していきます。また、内容を更新したらチームで合意します。1週間に1回など、定期的に更新差分を確認して、チーム内で議論し、採用不採用を決めていきます。そうして採用されたルールは、その後チームメンバー全員が徹底して守っていきます。状況に合わなくなったルールは自由に変更し、その変更をチームで合意しましょう。

　図1.1の開発アーキテクチャドキュメントは、実際のプロジェクトで利用していたものです。プロジェクトの立ち上げ時から少しずつ書き足し、更新していきました。前述の目次例と比べると構成がかなり異なっているのがわかります。このように、実際のプロジェクトではチームによって開発アーキテクチャドキュメントは変化します。これは、開発アーキテクチャドキュメントがチームと一緒に成長していく、チームで合意したルールの集大成だからです。このため、別プロジェクトで作成した完成品を丸々持ち込んで再利用しようとしてもうまくいきません。

　開発アーキテクチャドキュメントの運用方法をまとめると、以下のようになります。

- **提案**：より良い開発ルールに気がついたら提案する
- **更新**：開発ルールを変更したら開発アーキテクチャドキュメントを更新する
- **明示**：チームの開発ルールはすべて開発アーキテクチャドキュメントに書いておく
- **発見**：情報が書かれていなくて困ったり、暗黙のルールを見つけたら、追記する
- **合意**：チーム全員で定期的に開発アーキテクチャドキュメントの変更点をレビューし、合意する
- **実践**：メンバー全員が開発ルールを実践し、レビューを依頼する前にセルフチェックする
- **自由**：開発アーキテクチャドキュメントに書いてないことは、メンバー個人が自由に決めて良い
- **根拠**：コードレビュー等で新しい開発ルールが見つかったら、次のレビュー根拠とするために開発アーキテクチャドキュメントに追加する
- **詳細**：開発アーキテクチャドキュメントは、シンプルに保ち、経緯や詳細は別ページにまとめる

　この運用ルールを開発アーキテクチャドキュメントの最初のルールとして記載して、チームで合意しましょう。

▶図1.1 開発アーキテクチャドキュメントの例

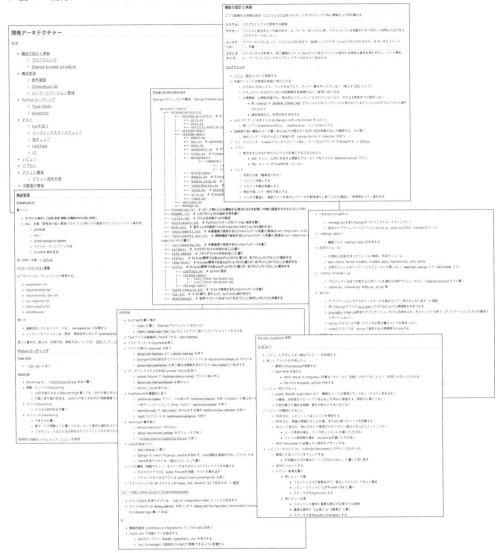

1.6

レビュー

》40　PRの差分にレビューアー向け説明を書こう

プログラミング迷子

私が知ってることは先輩なら全部知ってるはず？

先輩T ：さっき頼まれたコードレビューなんだけど、ちょっといろいろ情報が足りてなくて、これだとレビューできないよ。

後輩W ：え、何が足りないですか？

先輩T ：まず、この新機能の仕様はどこにまとまってる？

後輩W ：このチケットにまとまってます。途中確認や変更がいろいろあったので、読む必要があるコメントはここと、ここと……あとこの添付ファイルと……。

先輩T ：それを読み解いてコードレビューするのは無理だなあ。まず仕様を1箇所見ればわかるようにまとめてください。チケットなら、最終的に決定した仕様をチケット本文に書くといいね。コメントだと流れて行っちゃうから。

後輩W ：わかりました。

先輩T ：そして、PRの差分それぞれに自分で「その差分が何のためのものなのか、どの仕様のためなのか」を書いてください。レビューアーがその差分を見たときにそれが書いてあれば質問せずに済むので、お互いに質問と回答を書く時間が減らせるよ。そしてもっと重要なのは、実装者自身で説明を書くことで自分の勘違いに気づくチャンスができることだね。

後輩W ：なるほどー。

　GitHubのPull Request (PR)[15]機能が登場して以来、コードレビューは格段に行いやすくなりました。だからといって、PRを作って渡せばわかってもらえる、という訳にはいきません。レビューアーがレビューしにくい原因は「説明不足」にあります。説明が不足していると、レビューアーは**レビューするべき重要な箇所**に集中できず、些細な問題に気を取られてしまい、重要な問題を見逃してしまいます。レビューアーから見てわかりやすい依頼にするには、前提になる知識の差を埋める必要があります。

　時間ギリギリで開発を進めていると、レビューしてもらう内容を用意するのに精一杯な状況に

---

[15]　https://help.github.com/ja/github/collaborating-with-issues-and-pull-requests/about-pull-requests

なり、前提知識の差を埋める工程を飛ばしてしまいがちです。そうして説明不足になるだけでなく、たいてい仕様理解も不足しているため、実装不足や間違いなどが残ったままレビュー依頼してしまいます。

ベストプラクティス

セルフレビューを行い、レビューアー向けに知識の差を埋めるための説明を書きましょう。

セルフレビューを効果的に行う、6つのプラクティスを紹介します。

1. 実装の根拠を書く
2. 仕様や設計をまとめる
3. コードを改善する
4. 差分の説明をしてみる
5. PRの本文（description）に、「PRの目的」「仕様をまとめたページへのリンク」「レビューで確認してほしいこと」を書く
6. 差分コメントを恒久的な情報に移す

● 1. 実装の根拠を書く

コード差分のコメントに、実装の根拠となる「仕様や設計へのリンク」を書くことで、レビュー依頼者がチェックできます。この作業で、レビュー依頼者は具体的にどの仕様を元に実装したのか、仕様と実装内容が一致しているのか確認できます。実装コードの中には、効率的なアルゴリズムや、普段使い慣れていないAPI利用などもありますが、レビューアーはその知識がないかもしれません。レビュー依頼者がそのとき実装して初めて知った情報、初めて使ったAPIについてもコメントに書いておきましょう。ここで、仕様の理解やAPIの使い方についての認識違いがあれば、レビュー依頼前に気づくことができます。

以下を実践しましょう。

・どの仕様のためのコードなのか、仕様へのリンクを書く
・仕様を満たしているか確認する
・コードを書くときに調べたことがあれば、レビューアーへ伝えるためコメントに書く

● 2. 仕様や設計をまとめる

コード差分のコメントに「仕様や設計へのリンク」を書くためには、リンク先に情報がまとまっていなければいけません。もし、仕様や設計がまとまっていなくて、コメントにまとめ文章を長々と書く必要があるようなら、この機会にまとめましょう。この作業で、実装の根拠となる仕様の存在と内容を再確認できます。リンクや短い文章だけで説明できるようになれば、それをPRコメントではなく、コード自体に書いても良いでしょう。

● 3. コードを改善する

コード差分のコメントに「複雑なコードを書いてしまった理由」を長々と説明し始めたら、コードを改善するタイミングです。説明を書いているうちに目的が整理されて、より良いコードが書けるかもしれません。レビュー依頼前により良い実装に修正するチャンスですが、コード改善はゴールがない作業になりがちです。やり過ぎないように「ここのコード改善は5分だけ検討」といったように制限時間を決めて行いましょう。制限時間を1秒でも過ぎたら、レビューアーと相談しましょう。1人で悩んで時間を浪費するよりも2人以上で話すことで、より良いコードが提案されたり、このコードで良いという同意を得られたりなど、そのチームにとってベストな結論を短時間で出せます。

以下を実践しましょう。

- 改善したいコードにひととおり「TODO コード改善（理由）」のようなコメントを書く
- 改善できるかそれぞれ5分だけ改善に取り組む

● 4. 差分の説明をしてみる

「この差分は何？」と聞かれたら何と答えるかを想像して、その説明をしてみてください。ここまでの1～3の作業で明確になっている部分はすぐに答えられると思います。それ以外の差分について「理由が明らかなので説明が不要」と思ったものについても、どう「明らか」なのか説明しようとすると、意外と「明らかではなかった」という差分が出てきます。レビュー依頼者は**レビューアーの気持ちになって**、その説明で納得できるかを確認し、説明をコメントに書きましょう。

以下を実践しましょう。

- 確信を持てないコード差分や、解消できなかった TODO コメントは、レビューアーへの相談をコメントに書く
- 自動生成コードや、未完成のコードなど、読まなくて良いコード差分には「レビュー不要」と書く

● 5. PRの本文（description）に、「PRの目的」「仕様をまとめたページへのリンク」「レビューで確認してほしいこと」を書く

ここまでの作業で、差分には多くのコメントが付いていると思います。これらのコメントは「なぜなら」に相当しますが、「だから～～です」という結論がまだ書かれていません。コメントから、「このPRはこういう目的で、仕様元はここで、確認してほしいことはこれです」という情報を、PRの本文にまとめましょう。この作業で、レビューアーはPRをひと目見て全体像を把握できます。

● 6. 差分コメントを恒久的な情報に移す

　最後に、PR差分に書いたセルフレビューコメントを読み返し、ソースコードや仕様に書くべきことがあれば、そちらへ転記します。PRにそのようなコメントが残されることで、あとで「なぜそのような実装になったのか」を追跡できるようになります。しかし、PR差分へのコメントは、あくまで「このレビュー作業中の会話」です。恒久的に残す必要のある情報は、仕様をまとめたWikiや、コードコメントとしてソース自体に書き込んだほうが良いでしょう。

　以下を実践しましょう。

・定数値の変更や、問題回避のための変更差分の理由（WHY）は、ソースコードのコメントに書く（10「コメントには「なぜ」を書く」P.25参照）
・ユニットテスト特有の情報はテストコードのdocstringに書く
・プロジェクト全体に関わる共通の仕様は、開発アーキテクチャドキュメントに書く

　1〜6の作業をセルフレビューとして実施することで、依頼者とレビューアーとの間でのレビューと修正の往復を減らすことができます。この往復が多いと、返事が来るまでの待ち時間などのロスが積み上がってしまい、いつまで経ってもPRのマージができなくなってしまいます。また、こういった往復が多いプロジェクトでは、レビューを依頼する側、される側のどちらもストレスが高くなり、「レビュー＝憂鬱な作業」になってしまい、レビューを省略したり、レビューを出しづらくなったりする原因になります。レビューはサクサクと依頼して、サクサクとこなしていく環境を作りましょう。

▶ 図1.2　PRコメントの例

▶図1.3　PRコメントに書かずコードコメントに書く例

```
147  +class ListProofSerializer(serializers.ListSerializer):
148  +
149  +    def to_representation(self, data):
150  +        if isinstance(data, QuerySet):
151  +            # 無駄なクエリを削減するため、表示に必要なテーブルは prefetch する
152  +            data = data.select_related(
153  +                'proof_event',
154  +            )
155  +        return super().to_representation(data)
156  +
157  +
```

▶図1.4　コードコメントに理由（WHY）を書き、PRコメントには参考にした情報を書く例

```
302  +        # 開発環境でIPythonを使用してると、タブ補完時にデバッグログがでるのを抑制する
303  +        # (IPython -> jedi -> parsoの依存)
304  +        'parso': {
```

kashewnuts 7 days ago　Author

参考URL https://tokibito.hatenablog.com/entry/2019/06/23/164522

👍 1

関連

・**10**　コメントには「なぜ」を書く（P.25）
・**39**　開発アーキテクチャドキュメント（P.85）

≫41　PRに不要な差分を持たせないようにしよう

プログラミング迷子

私の手間は少ないほうが良い

先輩T　：さっきレビュー依頼されたPRだけど、100行近くある差分のほとんどが行末のスペース削除みたいだね。

後輩W　：はい、気になったのでついでに直しました。

先輩T　：実際にレビューするべき箇所を探すのが大変なんだけど……。

後輩W　：えっ（せっかく直したのに）、修正しないほうがいいですか？

先輩T　：そうですね、このPRの目的ではないので、こういう別の目的の修正は、別のPRにしてください。

後輩W　：でもそれだとブランチ作ったりPR書いたり手間じゃないですか。

先輩T　：その手間を実装者がやらなかった分、レビュー時間が延びてレビューアーの時間が
　　　　使われていくんだよ。実装者なら簡単に分割できるけど、レビューアーは目的が混
　　　　ざった状態から見始めるので、頭の中で分類しながらレビューするのはとても大変
　　　　で時間がかかるんだよ。

　ちょっとした問題に気づいて、それを修正するのは良いことのように思えます。しかし、前述
の例ではちょっとした修正がレビューの邪魔になってしまっています。1つのPRに複数の目的が
含まれていると、レビューで確認するべきことを見落としてしまいます。

　また、空白の除去や改行位置の変更が必要なコードがある場合、今回のPRで変更したファイ
ル以外にも、あちこちのコードに同様の問題がありそうです。それに、コーディング規約を決め
ていない状況でなんとなく修正していては、そのときの気分で同様の修正が繰り返されることに
なります。特にチーム開発では、複数人がそれぞれ異なる気分でそういった「修正」を繰り返す
ことがあります。

ベストプラクティス

　以下のポイントを守りましょう。

- PRの目的を1つに絞る。たとえば、ロジックの変更と単純なフォーマット変更は別のPRに
　分ける
- PRの粒度は小さく保つ。1つの機能であっても巨大なPRにせず分割する方法を検討する
- レビューアーのコストが低くなるように、レビューを依頼する
- レビューアーが差分を見たらすぐレビューできる状態にしておく（40「PRの差分にレビュー
　アー向け説明を書こう」P.90参照）
- プロジェクト全体でかけるコストが少ない方法を選択する

　コーディング規約を決めたら、全体の一括修正と、チェックの自動化をワンセットで導入して
再発を防止しましょう。Pythonには、PEP8というコーディング規約がすでに用意されているので、
これを採用するのがオススメです。独自のオレオレコーディング規約を作り出すよりも、用意さ
れている一般的なルールを採用し、自動的にチェックや適用ができる仕組みを用意しましょう。

COLUMN

▌自動整形ツール

　これまで、いくつかのチェックツール、自動整形ツールが登場し、プロジェクトによって
それぞれ採用されてきました。コーディング規約を自動チェックするツールとして
pycodestyle[16]、flake8[17]、pylint[18]があります。

※16　https://pypi.org/project/pycodestyle/

※17　https://pypi.org/project/flake8/

※18　https://pypi.org/project/pylint/

　自動整形ツールにはautopep8[19]がありますが、2018年に新たにblack[20]が登場しました。blackはPEP8をベースとしながら、より細かなルールを定義しており、そのフォーマットルールを元にコードを自動整形します。2019年以降、多くのPythonプロジェクトがblackによる自動フォーマット適用を採用しています。たとえば、Djangoのコーディングスタイル[21]はPEP8をベースとした独自のルールを決めていますが、DEP 0008[22]で、blackによるフォーマット適用の採用が決定しています。

　コーディング規約は、プロジェクト毎のルールを1つひとつ作る時代から、ツールによって自動チェックする時代を経て、自動適用する時代に移りつつあるようです。

［関連］

・**34**　一度に実装する範囲を小さくしよう（P.78）
・**40**　PRの差分にレビューアー向け説明を書こう（P.90）

≫42　レビューアーはレビューの根拠を明示しよう

`プログラミング迷子`

■ 先輩、それ先に言ってよ

後輩W：このPRをレビューお願いします（今回は**40**「PRの差分にレビューアー向け説明を書こう」を実践して説明を書いたから、バッチリだぞ！）

先輩T：はい。

　　　　－1分後－
　　　　さっきのPRだけど、コーディング規約に準拠してないのでレビューできないよ。ざっと見た感じ、ログ出力が他のところと合ってないようです。クラス継承による差分実装を多用しているようだけど、このプロジェクトではできるだけ避けてください。使用する場合も、デメテルの法則に違反しないようにしてください。

後輩W：コーディング規約、PEP8には準拠しているはずですが……、あと、デメテルの法則って初めて聞いたんですが何ですか？

先輩T：あれ、このプロジェクトのコーディング規約とかって言ってなかったっけ？　このWikiに書いてあるので読んでみてください。

後輩W：（何かいろいろ書いてある……先に言ってほしかった……）
　　　　ログ出力はどこを見たらわかりますか？

先輩T：あれ、書いてない？　ごめん今から書くわ。

後輩W：（Wikiにも書いてなかったことを実装するのは無理では……もしかして思いつきで指摘してるのでは？）

※ 19　https://pypi.org/project/autopep8/

※ 20　https://pypi.org/project/black/

※ 21　https://docs.djangoproject.com/ja/2.2/internals/contributing/writing-code/coding-style/

※ 22　https://github.com/django/deps/blob/master/accepted/0008-black.rst

　レビュー観点をまとめず、「ルールなど、わからないことがあったら聞いて」という進め方ではうまくいきません。どんなルールを採用しているのかわからないと、聞けないこともたくさんあります。「継承を使って良いですか」と質問する人はあまりいないでしょう。

　レビュー観点がないと、レビュー指摘の根拠がありません。先輩だから、世の中がそうだから、というのは根拠にならないですし、そのような指摘に対して根拠を求めたり同じ話題で毎回議論するのも時間の無駄です。議論をするのであれば、決めておいた観点を変更するための議論のほうが建設的です。

ベストプラクティス

　プロジェクトメンバー全員でレビュー観点をまとめて、合意しておきましょう。レビューアーは、合意された観点を元にレビューしましょう。

　実装者は「要件と設計を把握していれば実装に着手できる」と思いがちですが、それだけではレビューで「そもそも」な指摘を受けて右往左往することになります。あとで振り返って、「そんなにやることがあるとわかっていたら、2倍の見積もりをしていたのに」とならないようにしましょう。レビュー観点を把握できていれば、レビューまでに必要な作業量の見積もり精度を上げることができます。

　レビューアーは、チームで合意したレビュー観点を元にレビューしましょう。レビュー中に新しい観点に気づいた場合は、そのレビュー中は「提案」としてコメントし、別途観点をまとめてチームで合意しましょう。

　レビュー観点として、コーディング規約、クラスの継承方針、セキュリティー、ログ出力の設計などがあります。レビュー観点は、開発アーキテクチャドキュメントにまとめておくと良いでしょう。

COLUMN

▌レビュー観点の例

　レビュー観点は、実装やレビューが始まってから決めていては思うようにレビューが進まない場合もあります。特に、短期のプロジェクトでは観点が固まる頃には開発が終わってしまうこともあるでしょう。

　そこで、前のプロジェクトから流用したり、ある程度組織で決まったテンプレートを作っておいて、チームでどの部分を採用するか決めると良いでしょう。たとえば、以下のように観点をA～Fのレベルに分けて、「このプロジェクトではDまで採用する」といった使い方をします。

・A：自動チェックできる項目
・B：イディオムレベルの項目
・C：セキュリティーのためのチェック内容
・D：仕様観点レビュー
・E：オブジェクト指向設計原則を元にしたチェック内容

・F：実装者向けより1段高いレイヤーの確認

▶図1.5　レビュー観点をまとめた例

- レビュー観点（レビューアー、レビューイー双方が確認する）（出典: 🔗レビューチェックシート）
  - A: 自動チェックできる項目
    - レビュー対象としない
    - コーディングスタイルは自動検証しておくこと
  - B: イディオムレベルの項目
    - レビュー対象としない
    - 本質的でないためレビューの段階では行わない
  - C: セキュリティのためのチェック内容
    - レビューする
    - csrfトークの使用等
  - D: 仕様観点レビュー
    - レビューする
    - 機能単体に着目したレビュー
      - 仕様に示された機能の入出力（画面、データベース、メール、外部Web API呼び出しなど）を網羅しているか
      - 機能が対象とするモデルの絞り込みは 仕様に示されたとおりに適切か（不必要なデータまで処理の対象に含めてないか？）
      - エラー発生時にロールバックされるデータと記録必須のデータが 仕様に示されたとおりに区別されているか
    - 機能の結合に関連したレビュー
      - 機能に入力されるデータはどこからくるか
      - 機能が作成した出力をどの機能が利用するか

≫43　レビューのチェックリストを作ろう

`プログラミング迷子`

▌どこまで確認したの？

後輩W：このPRをレビューお願いします（レビュー観点を自分でも確認したから、今度こそバッチリだぞ！）

先輩T：はい。

　　　　－1分後－

　　　　うーん、だいたいは良いと思うんだけど、規約に合っていない部分がいくつかあるみたいだね。セルフレビューで確認してる？

後輩W：もちろんです。どこが合ってないですか？

先輩T：このファイルなんだけど、これだとログに個人情報が出てしまうんじゃないかな？

後輩W：あっ、ほんとうだ。おかしいな、ちゃんとレビュー観点を元に確認したんですが、見逃したみたいです。すみません。

先輩T：なるほど。どこまで確認したか、ちょっとまとめて教えてくれる？

　レビュー観点が用意されていてその観点を確認していたとしても、どこまで確認したかが不明確だとレビューアーは効率良くレビューを進められません。それに、確認項目の見逃しはどんなに開発に慣れてきても発生してしまうものです。記憶や慣れに頼らずに、漏れなく確認する方法

を検討しましょう。

ベストプラクティス

　レビューチェックリストを作っておき、レビューを依頼する前にチェックしましょう。

　チェックリストがあればチェック漏れをなくせますし、レビュー依頼される人も「ここまでは自分でも確認しているんだな」ということがわかります。GitHubであれば、PRのテンプレートを用意できるので、以下のようにチェック項目として観点を記載しておきましょう。レビュー依頼前のチェック項目があれば、「先に言ってよ」という問題も回避できます。

▶ **リスト1.29　.github/PULL_REQUEST_TEMPLATE.md**

```
PR作成時のチェック項目

- [ ] チケットタイトルを次の書式で記載したか？ `refs #<issue-id> <チケット名>`
- [ ] labelに `WIP` を指定したか?（レビューが必要になるまで付けておく）
- [ ] labelの `WIP` を解除したか?（レビューが必要になったら）
- [ ] reviewersにレビューアーを指定したか?

チケットURL

- [ ] https://github.com/<org>/<proj>/issues/99999999

このレビューで確認してほしい点

- [ ] 機能xxxをクリックしたらxxxxできること <仕様1リンク>
- [ ] 機能yyyをクリックしたらxxxxできること <仕様2リンク>

レビュー提出前 規約セルフチェック

- [ ] C1 各種機能に適切なパーミッションが設定されているか
- [ ] C2 変更が発生するリクエストではCSRFトークンを使用しているか
- [ ] C3 トークンは適切な時間で破棄されているか
- [ ] C4 エラーログ、スタックトレースに重要情報が含まれていないか
- [ ] C5 /tmp にファイルを書いていないか
- [ ] C6 SQLを文字列操作で組み立てていないか
- [ ] C7 システム外部から渡ってくる入力はバリデーションしているか
- [ ] D1 モデルの構造に着目したチェック
- [ ] D2 機能単体に着目したチェック
- [ ] D3 機能の結合に関連したチェック
- [ ] E1 処理の長さで関数を分割しない
- [ ] E2 引数の数を減らす
- [ ] E3 継承の利用を最小限にする(Flat is better than nested)
- [ ] E4 継承で挙動を変えていないこと(リスコフの置換原則)
- [ ] E5 型ヒントが書かれてること
- [ ] E6 ログ出力は規約<link>に合っていること
- [ ] E7 実装されている変更は仕様(Wiki)に記載、反映されていること
```

レビュー提出前 動作セルフチェック

- [ ] UnitTestはすべて通っているか
- [ ] 差分は期待どおりに動作しているか

レビューアーからの確認項目

- [ ] <確認内容> <PRコメントURL>
- [ ] <確認内容> <PRコメントURL>

関連

・**42**　レビューアーはレビューの根拠を明示しよう（P.96）

≫44　レビュー時間をあらかじめ見積もりに含めよう

プログラミング迷子

■レビューの時間なんて見積もりに含めてなかったんだけど

先輩T　：ごめん、仕事が終わらなそうなんで今日のイベント欠席するよ。

同僚A　：そっか。だいぶ疲れているみたいだけど、そんなに大変なプロジェクトなの？

先輩T　：機能はそうでもないんだけど、レビューにかなり時間を取られてしまって、自分が
　　　　コードを書く時間が足りないんだ。

同僚A　：へー。レビューにどのくらい時間を使ってるの？

先輩T　：1日3、4時間かな……。

同僚A　：えっ、1日の半分以上？　それはレビューに時間かけすぎだよ。

先輩T　：しかも、実装とユニットテストは見積もり時間に入れてあったけど、レビュー時間
　　　　は含めてなかったんだ。

同僚A　：たしかに、見積書に「レビュー時間」という項目はないからなあ……。

　見積もりにコードレビューの時間を含めずにいると、レビューにかける時間の分だけスケジュールが遅れていきます。過去に同じような見積もり方法で問題がなかったとしても、新しいメンバー、新しく利用するライブラリ、難しい機能の実装など、十分なレビュー時間を必要とする状況はいろいろあります。

　レビュー時間の割合が実装時間の1割未満であれば、努力と残業でギリギリスケジュールに間に合うかもしれません。しかしチームはその分疲弊していきますし、突発的な問題に対処する余裕はなくなってしまいます。また、実装スキルの高いメンバーをレビュー担当者として割り当てていてレビューに追われてしまうと、実装は思うように進まなくなってしまいます。

　レビュー時間の割合が実装時間に対して1割以上かかっている場合、本質的ではない部分にレビュー時間をかけすぎているかもしれません。レビューにかける時間を短くするために、前節ま

でに紹介したプラクティスを実践しましょう。

　そのうえで、見積もりにはレビュー時間も含めましょう。Pull Requestを用いたレビューでは、レビュー時間が各実装者の開発作業の中に紛れてしまいます。レビューに使う時間が見えづらくなってしまいますが、その時間を忘れないようにする必要があります。

> ### ベストプラクティス

　工数見積もり時に、レビュー時間も工数として明示的に見積もりましょう。

　時間をどのくらい見積もっておくか指針がない場合は、とりあえず実装時間の2割、のように決めてしまいます。そして、実際にレビューに使った時間を計測しておいて、次の見積もりではレビューの見積もり時間を見直しましょう。新人教育やトレーニングをレビューの一環として行っている場合は、レビュー時間とは別枠として時間を見ておくべきです。これは、レビューとは目的が異なっており、レビュー時間に含めてしまうと見積もりが難しくなってしまうためです。

　レビューの目的はお客さんを含めたチーム全体で共有し、そのために時間が必要だということを認識しましょう。レビューの目的はプロダクトの品質担保（品質を下げないこと）です。期待される要件や品質を満たした実装ができているかを他者の視点で確認しましょう。また、レビューによってプロジェクトのドメイン知識を共有をすることで属人化を防ぎ、要件理解間違いのような単純なミスを防止します。

　品質の担保という重要な目的を達成するために必要な時間は、見積書に工数として明示しておくべきです。そのうえで、スケジュールや金額が問題になるのであれば、一部の品質を下げるか機能を減らすかを相談しましょう。

≫45　ちょっとした修正のつもりでコードを際限なく書き換えてしまう

> プログラミング迷子

▌ちょっと修正、のついでに

後輩W ：昨日レビューしてもらったPRなんですが、問題があったのでちょっと修正しました。修正した問題はちょっとなのでレビューなしで大丈夫です。

先輩T ：お、了解（どれどれ、チラッと見ておこうかな……ちょっとじゃない、がっつり書き換わってる！！）
　　　　がっつり書き直されてるんだけど、どのへんが「ちょっと修正」なの？

後輩W ：特定の組合せのときだけエラーになる、ちょっとした問題を修正しました。

先輩T ：いやそうじゃなくて、コードレビューしたところがあらかた書き換わってるじゃない。

後輩W ：直しながら、どうせなら設計変えたほうがいいと気づいたので、ついでに修正しました。

　「修正によって直した動作はちょっとしたもの」だとしても、コードを大幅に書き換えているのであれば再度レビューするべきです。変更した挙動の大小でレビューするかどうかを決めてしまうと、動作が変わらないリファクタリングはレビュー不要、ということになってしまいます。

| ベストプラクティス |

　挙動が変わるなら、レビューしましょう。挙動が変わらなくても、変更範囲が大きいならレビューしましょう。

　チーム開発では、コードに対する責任をチームで持つようにしましょう。そのためには、チームを巻き込んで、複数人でコードの設計や実装が正しいと言える状況を作りましょう。レビューせずにリリースしたコードに何か問題があった場合、自分だけで責任をとる……なんていう状況にならないように、チームを巻き込んでいくべきです。時には、レビューする時間がどうしても取れないと思うこともありますが、「レビューしない」という決断は実装者が判断するのではなく、チームで判断するべきです。

　一度レビューしたあとに、より良い修正方法を思いつくこともあります。その場合はレビューやり直しを前提に実装を修正するのか、レビューアーと相談しましょう。この判断には、修正や再レビューのための時間が残されているのか、他に優先することがないか、といった視点も重要になります。

モデル設計

データ設計

≫46　マスターデータとトランザクションデータを分けよう

　RDB（Relational DataBase）についての知識をひととおり学び、現実世界のデータを元にデータ設計をしようとしたときに、どこから手をつけて良いのかわからないと思ったことはありませんか？

　ここではデータの種類と利用目的に応じてテーブルを分類する方法について説明します。

［ ベストプラクティス ］

　実世界のデータの塊をRDBで扱う場合、マスターデータとトランザクションデータの2種類に大別して考えるとデータ設計がスムーズに進みます。この2種類を区別して考えないと無駄に多くデータを増やしてしまったり、**47**「トランザクションデータは正確に記録しよう」（P.106）で紹介する失敗のように、過去のデータが意図せずに復元できなくなります。

　マスターデータとは、データの中でも基礎となるもので、商品情報や従業員情報など1つひとつの基礎的な情報を記録します。たとえば、商品マスターであれば、商品名、型番、仕様など個々の商品の情報を扱います。

　一方でトランザクションデータとは、システム上で発生した取引などの出来事を記録したデータのことで、一般に履歴と呼ばれるものを指します。たとえば、商品を購買履歴や、従業員への給与支払い履歴などです。イメージしやすいように図で考えてみましょう。

▶図2.1 マスターデータとトランザクションデータの例

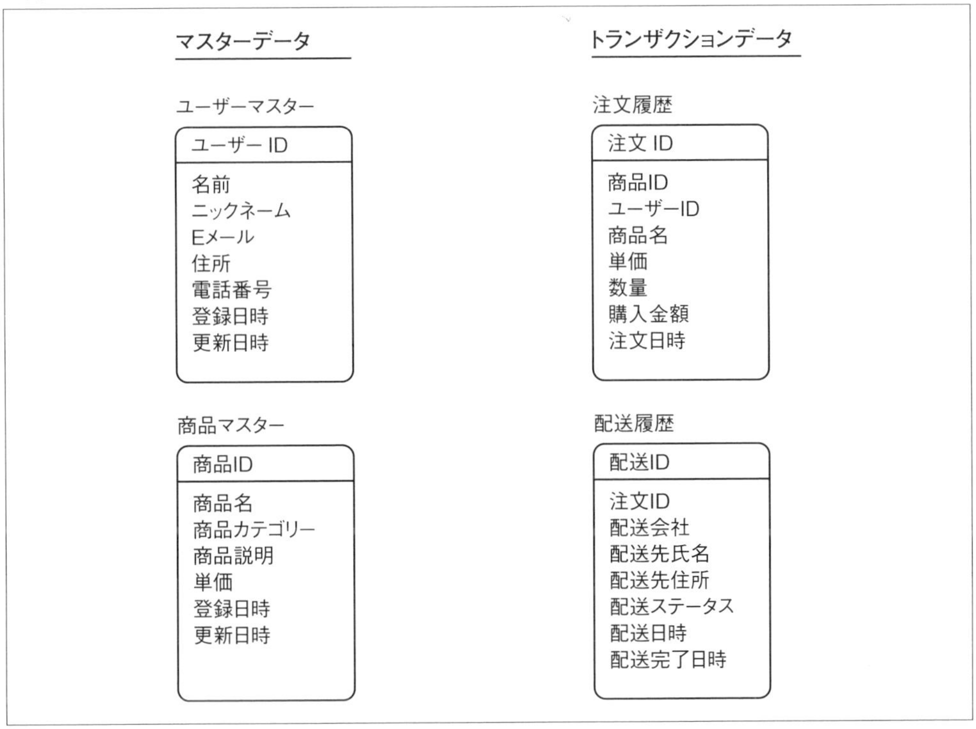

```
          マスターデータ              トランザクションデータ

        ユーザーマスター               注文履歴
      ┌─────────────┐          ┌─────────────┐
      │ ユーザー ID  │          │ 注文 ID      │
      ├─────────────┤          ├─────────────┤
      │ 名前         │          │ 商品ID       │
      │ ニックネーム  │          │ ユーザーID    │
      │ Eメール      │          │ 商品名       │
      │ 住所         │          │ 単価         │
      │ 電話番号      │          │ 数量         │
      │ 登録日時      │          │ 購入金額      │
      │ 更新日時      │          │ 注文日時      │
      └─────────────┘          └─────────────┘

        商品マスター                  配送履歴
      ┌─────────────┐          ┌─────────────┐
      │ 商品ID       │          │ 配送ID       │
      ├─────────────┤          ├─────────────┤
      │ 商品名        │          │ 注文ID       │
      │ 商品カテゴリー │          │ 配送会社      │
      │ 商品説明      │          │ 配送先氏名     │
      │ 単価         │          │ 配送先住所     │
      │ 登録日時      │          │ 配送ステータス  │
      │ 更新日時      │          │ 配送日時      │
      │              │          │ 配送完了日時   │
      └─────────────┘          └─────────────┘
```

2 ≫ モデル設計

　マスターデータとトランザクションデータのイメージはなんとなくできたと思いますが、実際に何を基準として分類していけば良いでしょうか。

　ここでは書籍『楽々ERDレッスン』(羽生章洋 著、翔泳社 刊、2006年4月) に書かれている6W3Hに照らし合わせてデータを分類するという方法を紹介します。

　マスターデータの候補となるのは、コトやモノやなどについて記録したデータです。それらはリソース系（資源）とも呼ばれ、以下のようなデータが考えられます。

・誰に（Whom）：顧客、販売先
・誰が（Who）：ユーザー、管理者
・何を（What）：商品、記事
・どこ（Where）：販売所、地域

トランザクションデータは、何かの「行為」を起点に記録されたデータが主な対象になります。このようなデータはイベント系とも呼ばれます。

・どのように（How）：販売、購入、出荷、操作

データに付随して属性として利用できそうなデータには以下のようなものがあります。これらはDB上では最終的にはカラムの候補として利用できます。

- ・いつ（When）：登録日時、更新日時
- ・どれくらい（How many）：注文数、数量
- ・いくら（How much）：金額

「なぜ」を示すようなデータは、ビジネスの要件に応じてさらに正規化が必要になるケースもあります。たとえば以下のようなものです。

- ・なぜ（Why）：売上、返品、値引き、補充

これらの基準を意識することで、データを分類しやすくなります。書籍にはより詳しいデータモデリングの手順が書いてあるので、興味のある方はぜひ読んでみてください。

≫47　トランザクションデータは正確に記録しよう

履歴系のデータを設計したときに、システムの運用が始まってからカラムが足りないとか、当時のデータが再現できない等のトラブルになることがあります。そのようなトラブルはどうすれば避けられるのでしょうか。

具体的な失敗

あるECサイトでユーザーの商品と注文履歴を以下のように管理していました。

▶ 図2.2　商品マスターと注文履歴

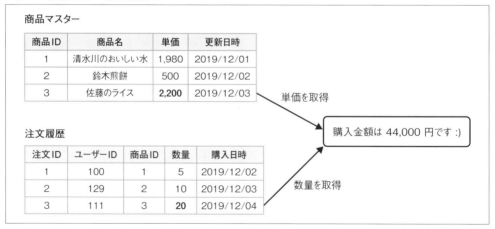

　このサイトでは購入金額を注文履歴で閲覧できるようにするために、都度計算して表示していました。

商品マスターの単価×注文履歴の数量＝購入金額

　ところがある日「佐藤のライス」の単価を変更したら、**過去の購入履歴の金額まで変わってしまう**というトラブルが発生してしまいました。

▶ 図2.3　過去の購入金額が変動してしまう例

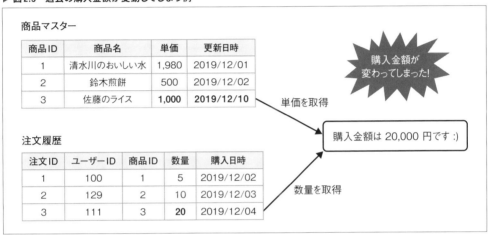

　これは何がいけなかったのでしょうか？
　商品マスターの「現在の単価」を、購入金額を計算するために必要な「購入当時の単価」として使用してしまったのが原因です。そのため過去の事実が失われてしまったのです。

ベストプラクティス

　トランザクションデータに「そのときの行為」をデータとして正確に記録しましょう。安易に正規化して重複を排除して、必要なデータまで削ってしまわないように気をつけましょう。
　今回の場合は、単純に注文履歴に購入当時の単価を追加してあげれば良さそうです。

▶図 2.4　過去の購入金額が正確に表示できる

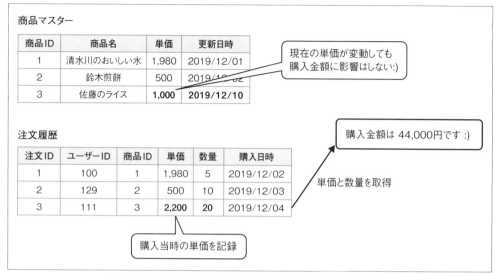

データベースの正規化について学び始めると、つい重複している項目を削除しようと思ってしまいます。しかし、正規化の主な目的は「1つの事実は1箇所で管理する」(one fact in one place) です。

ここでの失敗は、商品マスターの「現在の単価」と、注文履歴の「購入当時の単価」という異なる事実を同一のものとして扱ってしまったことです。

46「マスターデータとトランザクションデータを分けよう」(P.104) でも説明したように、データを分類するときはそれぞれ利用する目的が違うことを意識する必要があります。

トランザクションデータであれば履歴に付随する属性データ（いつ、どれくらい、いくら）を正確に記録していくことが肝要になりますので、記録したあとにその当時のデータが正確に取り出せるかという観点で設計しましょう。

関連

・**46**　マスターデータとトランザクションデータを分けよう（P.104）

≫48　クエリで使いやすいテーブル設計をする

RDBを運用していて、大量のデータがあるテーブルにあとからカラムを追加しなければならなかったり、無駄に複雑なクエリが必要になったりして困ったことはありませんか？

具体的な失敗

　以下のような注文履歴テーブルと注文明細テーブルがあるとします。2つのテーブルは良く正規化されています。たとえば、注文履歴では購入金額のカラムは持っていません。注文明細では注文日のカラムを持っていません。

▶ 図2.5　注文履歴テーブルと注文明細テーブル

注文履歴

注文ID	ユーザーID	配送先ID	注文日
1	100	1	2019/12/01
2	101	2	2019/12/01
3	102	3	2019/12/10

注文明細

注文明細ID	注文ID	商品ID	商品単価	注文個数
1	1	20	100	4
2	1	21	200	5
3	1	22	300	6
4	2	20	100	5
5	2	23	900	10
6	3	21	200	7

　このときに以下のような条件でデータを検索するよう依頼されたとします。

1. 注文日毎の売上がいくらか表示したい
2. 特定の期間に購入された商品IDとその個数を表示したい

　それぞれの要件のデータを抽出できるように下記のクエリを発行するようプログラムを開発しました。

▶ リスト2.1　「1. 注文日毎の売上がいくらか表示したい」のクエリ

```
SELECT
  注文履歴.注文日
 ,SUM(注文明細.商品単価 * 注文明細.注文個数) as 売上
FROM
  注文履歴 JOIN 注文明細
           ON 注文履歴.注文ID = 注文明細.注文ID
GROUP BY 注文履歴.注文日
ORDER BY 注文履歴.注文日
```

▶ 図2.6　注文日ごとの売上

注文履歴.注文日	売上
2019/12/01	12,700
2019/12/10	1,400

▶ リスト2.2　「2. 特定の期間に購入された商品IDとその個数を表示したい」のクエリ

```
SELECT
  注文明細.商品ID
  ,SUM(注文明細.注文個数) as 合計注文個数
FROM
  注文履歴 JOIN 注文明細
          ON 注文履歴.注文ID = 注文明細.注文ID
WHERE 注文履歴.注文日 BETWEEN "2019-12-01" AND "2019-12-09"
GROUP BY 注文明細.商品ID
ORDER BY 注文明細.商品ID
```

▶ 図2.7　特定期間に注文された商品IDとその注文個数

注文明細.商品ID	合計注文個数
20	9
21	5
22	6
23	10

　当初は集計した結果がすぐに表示されることを確認していました。しかし、時間が経ち、データ量が増えていく過程で徐々に集計に時間がかかるようになりました。

　なぜ時間がかかるようになったのでしょうか？　原因は大量のデータが入ったテーブルに対してJOINを含むSQLが頻繁に実行されたことです。

ベストプラクティス

　クエリで使いやすいテーブル設計をしましょう。RDBでテーブル設計するときは往々にして正規化をします。しかし、正規化だけに着目してテーブル分割を進めると、パフォーマンスの劣化を伴うことがあります。ほしい結果を得るために、たくさんのテーブルをJOINして無駄に複雑なクエリを作り出してしまうからです。

　具体的な失敗では、機能的な要件を満たしていましたが将来的なデータ量を考慮した性能の要件は満たせていませんでした。

　JOINによるテーブルの結合は、対象となるテーブルのデータ量が大きくなればなるほど、性能が劣化していきます。同様の結果を得つつ、性能を改善するためには、あえて正規化を崩して冗長にデータを持たせます。

　「1. 注文日毎の売上がいくらか表示したい」の場合は、あらかじめ注文履歴テーブルに、その注文毎の「購入金額」を列として持たせておけば、注文明細テーブルとJOINせずとも、同じ結果を取得できます。あらかじめ必要になる値を計算してカラムとして持たせておく方法です。

▶図2.8　購入金額を追加

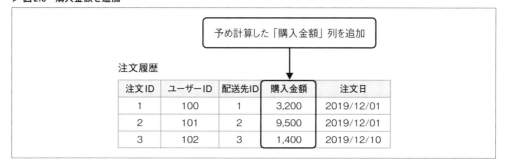

```
SELECT
  注文履歴.注文日
  ,SUM(注文履歴.購入金額) as 売上
FROM
  注文履歴
GROUP BY 注文履歴.注文日
ORDER BY 注文履歴.注文日
```

　「2. 特定の期間に購入された商品IDとその個数を表示したい」の場合は、あらかじめ注文明細履歴に、注文日を持たせておけば、注文明細テーブルのみで同様の結果を取得できます。データを選択する際に条件として必要な値を列として持たせています。

▶図2.9　注文日を注文明細に追加

```
SELECT
  注文明細.商品ID
  ,SUM(注文明細.注文個数) as 合計注文個数
FROM
  注文明細
WHERE 注文明細.注文日 BETWEEN "2019-12-01" AND "2019-12-09"
```

```
GROUP BY 注文明細.商品ID
ORDER BY 注文明細.商品ID
```

　どちらの場合も、正規化を崩して、新たにカラムを追加することでJOINを減らしSQLのパフォーマンスを向上させています。

　注意すべき点としては、正規化を崩したことにより、更新時に更新しなければならない箇所が増えたという点です。たとえばあとから注文個数を変更すれば、購入金額は再計算したうえで更新しなければなりません。

　正規化を崩すということは、検索性を向上させる一方で、更新する手間が増えるというトレードオフの関係があります。このトレードオフの関係と、将来的なデータ量と、発行されるクエリの頻度を考慮して十分な性能が発揮できるかどうかを検討したうえで、非正規化をするかしないかを判断しましょう。

　たとえば、上記の具体的な失敗の例では、数年先にどれくらいのデータが溜まっているか、クエリがどの程度の頻度で実行されているかを見積もり、性能のテストをしていれば、運用する前に、非正規化する選択ができたでしょう。

　書籍『達人に学ぶDB設計』（ミック 著、翔泳社 刊、2012年3月）の「論理設計のパフォーマンス〜 正規化の欠点と非正規化」にはより詳しく非正規化によるパフォーマンスの向上と欠点について書かれているので、初学者の人は参照してみてください。

2.2

テーブル定義

≫49　NULLをなるべく避ける

　テーブル定義で最も重要になることは、いかに「制約をつけるか」ということです。次のような、「寛容な」設計にしていませんか？

　この節では、テーブル定義についてはDjangoのモデルで説明します。

具体的な失敗

```python
class Product(models.Model):
    name = models.CharField("商品名", max_length=255, null=True, blank=True)

    @property
    def name_display(self):
        if not self.name:
            return "<商品名なし>"
        return name
```

　この商品（Product）モデルは商品名がないデータを許容しています。ですが本当に「商品名がない商品」を受け入れる必要があるのでしょうか？

ベストプラクティス

　テーブルのカラムをなるべくNULL可能にしないようにします。NULL可能にする前に、本当に必要か、他の方法で解決できないかを立ち止まって考えることが大切です。

　商品名であれば単に「NULLにはできない」という仕様にします。

```python
class Product(models.Model):
    name = models.CharField("商品名", max_length=255)
```

　NULLを許容するとアプリケーション側で「NULLの場合」を扱う必要が出ます。NULLを扱う処理や仕様が必要になり、プログラムが煩雑になります。制約が少なくなるとアプリケーションで想定するケースが増えるのが問題です。今回の失敗では「Product.nameがNULL（None）のとき」を扱う必要があります。特に「商品名がない商品」という仕様が求められないのであれば、

NULL不可が良いです。「不用意な親切心」で甘い制約のテーブル設計にしないようにしましょう。

とはいえ「何でもNULL不可にはできない」という場合もあります。デフォルト値を使ったNULL可能の回避方法を紹介します。以下の例では、販売開始日と販売終了日でNULLを許容しています。

```python
class Product(models.Model):
    sold_since = models.DateTimeField("販売開始日時", null=True, blank=True,
                                      help_text="NULLの場合は無期限")
    sold_until = models.DateTimeField("販売終了日時", null=True, blank=True,
                                      help_text="NULLの場合は無期限")

    def is_selling(self, dt=None):
        dt = dt or timezone.now()
        if self.sold_since and self.sold_until:
            return self.sold_since <= dt < self.sold_until
        elif not self.sold_since and self.sold_until:
            return dt < self.sold_until
        elif self.sold_since and not self.sold_until:
            return self.sold_since <= dt
        else:
            return True
```

このis_sellingメソッドの煩雑さを見てください。これはデフォルト値を設定することで回避できます。

```python
class Product(models.Model):
    sold_since = models.DateTimeField("販売開始日時", default=datetime(1900, 1, 1))
    sold_until = models.DateTimeField("販売終了日時", default=datetime(2999, 12, 31))

    def is_selling(self, dt=None):
        dt = dt or timezone.now()
        return self.sold_since <= dt < self.sold_until
```

デフォルトで「遠い過去〜遠い未来」を設定させることで、元のNULLを制御する処理と同等の仕様になります。

またNULL可能な外部キーの場合は、中間テーブルで回避できます。

```python
class Team(models.Model):
    ...

class User(models.Model):
    team = models.ForeignKey(Team, null=True, blank=True)
```

以下のようにMembershipテーブルを追加してNULL可能な外部キーを回避しています。

```python
class Team(models.Model):
    ...

class User(models.Model):
    ...

class Membership(models.Model):
    team = models.ForeignKey(Team)
    user = models.ForeignKey(User)
```

　もちろん作りたい仕様やデータ設計により、前者の例のほうが良い場合があります。後述のコラムと同じようにデフォルトで設定されるチームを用意して、NULL可能でなくデフォルト値を設定しても良いです。

　NULL可能の回避方法をまとめると以下のようになります。

- 仕様として受け入れないようにする
- デフォルト値を使う
- NULL不可にして、空文字やゼロを設定できるようにする
- ForeignKeyの場合、（Membershipのような）別の中間テーブルとして実装する
    - 中間テーブルとしたほうが煩雑化する場合もあるので、デフォルト値にしたほうが良い仕様のときもある

以下のような場合は、NULL可能を使うと良いでしょう。

- **Post.published_at**（記事の公開日）
    - published_atがNULL：下書き中の記事
    - published_atが未来：下書き中で、未来に自動公開される記事
    - published_atが過去：すでに公開済みの記事
- 既存のテーブルにあとから追加したカラム

COLUMN

「削除されたユーザー」というユーザーを用意して、NULLを回避するパターン

● NULLを使うコード

```python
class User(models.Model):
    ...

class Comment(models.Model):
    author = models.ForeignKey(User, null=True, blank=True,  # ユーザーが削除され
てもCommentは残る
                               on_delete=models.SET_NULL)
```

● NULL を回避するコード

```
class User(models.Model):
    GHOST_USER_ID = 1


class Comment(models.Model):
    author = models.ForeignKey(User, default=GHOST_USER_ID,
                               on_delete=models.SET_DEFAULT)
```

　データベース作成時に、GHOST_USER_IDを使って「ゴースト」ユーザーを作るようにしておきます。Comment.authorがNULL可能であれば、「削除されたユーザー」と表示するロジックが必要になります。「削除されたユーザー」という意味で「ゴースト」というユーザーを予め用意しておくことで特殊な処理を削除できます。
　・Deleted user | GitHub
　　https://github.com/ghost

≫50　一意制約をつける

　「本番環境で想定しないデータが入ってしまい、エラーになったようです」
　このような障害報告を聞いたことがある人は、少なくないと思います。その問題点と、解決方法を説明します。もし「まだ聞いたことがない」という方は先に勉強して、将来の問題を回避しましょう。

具体的な失敗

```
class Product(models.Model):
    ...


class Review(models.Model):
    product = models.ForeignKey(Product)
    user = models.ForeignKey(User)
```

　このテーブル設計では、1つの商品に対して同じユーザーが複数のレビューを投稿できてしまいます。1人のユーザーが評価を上げる（下げる）ために複数投稿できる問題があります。

ベストプラクティス

　仕様上、想定しないデータであればできるだけ一意制約をつけておきましょう。

```
class Review(models.Model):
    product = models.ForeignKey(Product)
```

```
    user = models.ForeignKey(User)

    class Meta:
        constraints = [
            models.UniqueConstraint(
                fields=["product", "user"],
                name="unique_product_review"
            ),
        ]
```

　一意制約があればアプリケーション側で扱う状態を減らせます。「1つの商品に複数のレビューが投稿されていないだろうか？」とアプリケーション側でチェックする必要がなくなります。想定しないデータが作られそうなときにデータベースが一意制約のエラーを発生させるからです。アプリにバグがあってもデータベースに想定しないデータが入りませんし、データベースを直接操作された場合も想定しないデータが入りません。この場合、不正なデータが混入したあとにエラーになるより、混入する前にエラーになるほうが原因を特定しやすいでしょう。

　また、テーブルの定義（モデルの定義）から仕様を明確に伝えられる利点もあります。slug[※1]やusernameに一意制約をつけることはよくありますが、「ユーザーは同じ商品に1つしか商品レビューをつけられない」という仕様であれば、「商品レビュー」テーブルの「ユーザー」と「商品」の2つのカラムで一意制約にしておきましょう。

≫51　参照頻度が低いカラムはテーブルを分ける

　必要なデータすべてを1つのテーブルに押し込めていませんか？　テーブルが肥大化する問題と解決方法を説明します。

具体的な失敗

```
class User(models.Model):
    username = models.CharField(...)
    email = models.EmailField(...)
    ...

    enable_notification_release = models.BooleanField(..., help_text="リリースのお知らせ↵
を受け取る場合True")
    enable_notification_security = ...
    enable_notification_mailmagazine = ...
    enable_notification_important = ...
```

※1　https://developer.mozilla.org/ja/docs/Glossary/ スラグ

　参照頻度の低い「リリースのお知らせを受け取るかどうか」という情報を、Userというユーザーアカウントを表すテーブルに保持しています。大きな問題ではありませんが、より良いテーブル設計の方法があるはずです。

ベストプラクティス

　「通知の設定」に関する情報を、UserNotificationSettingsという別のテーブルに保持させます。

```python
class User(models.Model):
    username = models.CharField(...)
    email = models.EmailField(...)
    ...


class UserNotificationSettings(models.Model):
    user = models.OneToOneField(User, on_delete=models.CASCADE)

    enable_release = models.BooleanField(..., help_text="リリースのお知らせを受け取る⏎
場合True")
    enable_security = ...
    enable_mailmagazine = ...
    enable_important = ...
```

　テーブルのカラムが増えると参照やJOINが遅くなる問題があります。参照したときのデータ転送時に、データ量が多くなり、JOINする際に、必要な一時テーブルの容量が多くなるためです。

　DjangoのORMの場合、onlyやdeferを使わないと全カラムの値を常に取得します。ユーザーアカウントのような参照の回数が多いテーブルでカラムが多いと、毎度すべてのデータを転送してしまい無駄が大きくなります。

　そういった場合は1対1で紐づくテーブルを作成して、そのカラムに保持させましょう。Userの値を取得しただけでは、通知に関するデータは取得されません。「どんなメールを送るか」という値はWebアプリケーション内では特定の条件でしか使われませんので、分離したほうが効率的です。

　他にも、以下の場合にテーブルを分離すると良いでしょう。

- 「ユーザープロフィール」テーブル
  - 自己紹介文
  - 誕生日
  - 趣味
- 「支払い」テーブル

・決済方法
・カードの情報

　ユーザーアイコンやユーザーの名前のように、Webアプリケーションの画面でよく使われる情報は分離しないことをオススメします。

≫52　予備カラムを用意しない

プログラミング迷子

社内フローのシワ寄せで生まれてしまう予備カラム

後輩W：将来的に、データベースにカラムが必要になるかもしれません。
先輩T：たしかにそうだね。
後輩W：ですので、今のうちに予備用のカラムをいくつか作っておこうと思います。
先輩T：それは良くないよ。あとから追加すれば十分じゃない？
後輩W：社内の運用上、私がデータベースの操作をする権限がないので、先に十分な量を
　　　　作っておいたほうがいいかなと。
先輩T：必要なときにカラムを足すほうが良いよ。アプリケーションの開発が大変になって
　　　　しまうよ。

　「予備カラム」という言葉が聞こえたら、できる限り避けることを考えましょう。

具体的な失敗

```
class Sale(models.Model):
    product = models.ForeignKey(...)
    bought_by = models.ForeignKey(...)

    yobi_001 = models.CharField("予備1", max_length=1023)
    yobi_002 = models.CharField("予備2", max_length=1023)
    yobi_003 = models.CharField("予備3", max_length=1023)
    yobi_004 = models.CharField("予備4", max_length=1023)
    yobi_005 = models.CharField("予備5", max_length=1023)
```

　この例では今後のことを考えてyobi_という予備カラムが5つあります。将来的に予備カラムが使われるようになったとして、以下の問題があります。

・**カラム名が意味を説明できない**
　・「yobi_001はキャンペーンIDが入っている」と直感的にわからない

・文字列型など事前に決めた型でしか使えない

　・文字列型として数値や日付を管理する必要が出る

　・外部キーを貼れない

・事前に決めたカラムの大きさで使うしかない

（ ベストプラクティス ）

単純に、予備カラムを使わないようにしましょう。

```
class Sale(models.Model):
    product = models.ForeignKey(...)
    bought_by = models.ForeignKey(...)
```

　予備カラムを用意する必要はありません。カラムの追加は、基本的にはアプリケーションに影響を与えません。カラムの変更や削除と比較すると難しいオペレーションではないので、必要になった際に追加すれば十分です。予備カラムを扱うコードを書く場合と比較すると、あとからカラムを追加するほうがかなり簡単になります。

　予備カラムは「DB操作が開発者レベルでできない」「操作には複雑な運用フローが必要」など組織の問題から生まれることが多いでしょう。それは文化そのものの問題なので、続けてはいけません。

　同様に「category_idというカラムにはカテゴリーでなく『タグ』が入っている」のような場合も、カラム名を変更する勇気を持ちましょう。「もともとカテゴリーとしての実装だったけど途中からタグのように多対多の実装になった」という背景はありえますが、そのときにカラムを変更します。カラム名が違うと混乱を招きやすいですし、アプリケーションコードでもミスや複雑な処理が増えがちなのでやめるべきです。

≫53　ブール値でなく日時にする

　テーブル設計をするとき、ブール値を多く使いがちになります。ですがブール値でなく、日時を使うことでより良い設計にできる場合があります。

（ 具体的な失敗 ）

```
class Article(models.Model):
    published = models.BooleanField("公開済みフラグ", default=False)
    published_at = models.DateTimeField("公開日時", default=None, null=True, blank=True)
```

　この記事（Article）テーブルには、publishedというブール値のカラムがあります。publishedというカラムを用意しなくても、published_atというカラムを使えば、公開された

かどうかは判定できます。カラムも1つ減らせるので、published_atのみを用意するのが良い
でしょう。

ベストプラクティス

　「公開済み」など、公開日時をフラグとして使えるデータであれば、ブール値を別途用意する
必要はありません。NULLの場合は「非公開」であり、データがある場合を「公開済み」と扱い
ます。publishedの結果は現在の日時で状態が変わるので、時間が過ぎると自動で状態が変わっ
てくれる利点があります。

```
class Article(models.Model):
    published_at = models.DateTimeField("公開日時", default=None, null=True, blank=True)

    @property
    def published(self):
        return self.published_at is not None and self.published_at < timezone.now()
```

　「スタッフユーザーかどうか」などのようなデータの場合はブール値で十分です。日時で状態
が切り替わるような値や、記録としてつける値の場合にはブール値でなく日時にするとより良い
でしょう。

- ・記事公開済みフラグ ⇒ 記事公開日時
- ・メール送信済みフラグ ⇒ メール送信日時
- ・商品販売中フラグ ⇒ 商品販売開始日時、終了日時
- ・課金停止フラグ ⇒ 課金停止日時
- ・トークン失効フラグ ⇒ トークン失効日時
- ・支払い処理完了フラグ ⇒ 支払い処理完了日時
- ・同期済みフラグ ⇒ 同期日時

　以下の値は、ブール値が設定された日時が必要ないのでブール値が望ましいです。

- ・「メールマガジン購読中」のような設定値
- ・アンケートやフィードバックのチェックボックスの値

≫54　データはなるべく物理削除をする

　「論理削除をしたい」という要望はとても多くあると思います。ですが実際には将来的な開発コ
ストや運用コストが大きくなりますので、安易に導入しないほうが良いでしょう。なぜでしょうか?

具体的な失敗

```python
class ArticleQuerySet(models.QuerySet):
    def exclude_deleted(self):
        return self.filter(deleted_at__isnull=True)


class Article(models.Model):
    ...
    deleted_at = models.DateTimeField(null=True, blank=True)

    objects = ArticleQuerySet.as_manager()
```

　このテーブル設計では、deleted_atというカラムが設定されていれば「削除された」と扱うようにしています。論理削除はプログラム上扱う状態が増えるのでオススメしません。すべてのデータ取得に「削除済みでない」という条件が必要になります。JOINをする際にも条件が常に必要です。開発の際に常に条件を意識する必要がありますし、誤って実装してしまうと大きな問題になります。

　また、外部キーで参照されているときの削除時の挙動も複雑になります。たとえばArticleへの外部キーを持つCommentテーブルがあるとき、親のArticleが削除された場合Commentはどうするべきでしょうか？
Article.deleted_atを設定するタイミングで、Comment.deleted_atも設定する必要があります。物理削除するのであれば、Djangoを使っているときはon_deleteオプションで挙動を決めておけば自動で処理してくれます。

　さらに、削除されたデータが蓄積していくのでパフォーマンスが低下していく、ユニーク制約をつけられなくなる、といった問題もあります。愚直にユニーク制約をつけると、削除したデータ内に同じ値の行があるとデータが作成できなくなることもあります。

　このように論理削除を単純に実現しようとすると、とても複雑な処理が必要になります。

ベストプラクティス

　論理削除をしないのが一番です。ほとんどの要望、要件に対して論理削除が必要になることは非常に少ないでしょう。

　「論理削除がほしい」という要望の背景としては「データを戻せるようにしたい」や「過去のデータを参照したい」が多いかと思います。その場合、以下のような別の方法で解決できます。

- 別案1：「履歴」用のテーブルを用意して、過去に削除したデータをコピーして保存する
    - 過去のデータを活用する場合や、データを復元する動作が必要なときは有効
    - テーブルに紐づくファイルがある場合、別途複製しておく必要がある
- 別案2：ログのような情報として（データベース以外に）保存しておく

- ・データベースが肥大化しないので、参照することがほぼないのであればこの方法が有効
  - ・AWS S3などのデータストアに保存しておけば十分
- ・別案3：バックアップを逐次とってロールバック可能にしておく
  - ・データが破壊されてしまった問題などに対処する方法として有効

アプリケーションから便利に「切り戻し」ができるようにする場合も、別案1の設計が良いでしょう。元のテーブル自体はクリーンに保つべきです。

≫55　typeカラムを神格化しない

typeというカラムも無思慮に作成されがちです。少し複雑な仕様の場合に、うまくやろうとして、失敗してしまう場合が多くあります。

具体的な失敗

あるECサイトでは商品に対して「コメント」と「レビュー」が残せるようになっているとします。コメントとレビューはそれぞれ「投稿者」「タイトル」「本文」があり、レビューには5段階で商品の良し悪しを評価できます。

- ・ユーザーは投稿する際に「レビュー」にするか「コメント」にするかを選べる
- ・レビューは集計することで平均の評価数を表示する
- ・レビューとコメントは1つの画面でまとめて見られるが、別々のものとしても表示できるようにする

この場合、以下のようなモデル設計にしてはいけません。

```
class Comment(models.Model):
    TYPE_COMMENT = 0
    TYPE_REVIEW = 1
    TYPE_CHOICES = (
        (TYPE_COMMENT, "コメント"),
        (TYPE_REVIEW, "レビュー"),
    )
    posted_by = models.ForeignKey(User)
    title = models.CharField(...)
    body = models.TextField(...)

    type = models.PositiveSmallIntegerField(choices=TYPE_CHOICES, ...)
    star = models.PositiveSmallInteger(null=True, blank=True)
```

typeによって挙動が大きく変わるのが問題です。データの内容としては似ているものですが、概念として別のものなので別と扱ったほうが良いです。

レビューの場合、集計の対象になるなどアプリケーションでの扱い方も変わります。後に「Reviewは管理者の承認がないと画面に表示されない」などの仕様を足される恐れもあります。また、プログラムから扱う際に、コメントとレビューをisinstanceで区別できません。

他にも、コメントとして不要なReview用のカラムが無駄に増える問題や、typeがコメントなのにstarに値が入っているデータなど仕様上ありえないデータが作れてしまう問題もあります。

ベストプラクティス

単純にテーブルを分けるのが良いでしょう。

```python
class Comment(models.Model):
    posted_by = models.ForeignKey(User)
    title = models.CharField(...)
    body = models.TextField(...)


class Review(models.Model):
    posted_by = models.ForeignKey(User)
    title = models.CharField(...)
    body = models.TextField(...)
    star = models.PositiveSmallInteger()
```

この設計では、「同じ値」として扱う仕様が多い場合に別々のモデルで扱うのが面倒なこともあります。ですが、共通のベースになるモデルを作って両者で継承すると処理を共通化できます。また、型を意識せず、たとえば.bodyを持つ値なら機能する関数として実装する（ダックタイピングとする）のも良いでしょう。

記事の種類（通常記事かプレミアム記事）くらいの違いならtypeでも問題ありません。その場合はより意味の狭いis_premiumというブール値で実装するほうがわかりやすいです。

≫56　有意コードをなるべく定義しない

仕様的に必要とされる「有意コード」にも罠が潜んでいます。この問題と解決方法を見ていきましょう。

具体的な失敗

ここでは有意コードとは「商品コード」のような一意な値を決めるときに「1桁目は商品の区分、それ以降が商品ごとの数値」のようにコードの桁数によって複数の意味を持たせることを言います。

たとえば次のようなものです。

・FD10001：FDが商品の区分、10001が商品の番号
・A2019101：Aが記事のカテゴリー、201910が作成の年と月、1が記事ごとの番号

商品（Item）のカラムとして「商品コード」という値が必要とします。

```
class Item(models.Model):
    code = models.CharField("商品コード", max_length=16, unique=True,
                    help_text="1桁目が商品区分、2～7桁目が登録日、残りが一意な番号")
```

ここで、以下のように有意コードに依存したプログラムを書いてはいけません。

```
Item.objects.filter(code__startswith="A")  # 商品区分がA（家電）の商品を取り出し
Item.objects.filter(code__contains="201105")  # 20年11月5日に登録された商品の取り出し
```

有意コードの「桁の意味」を使って検索するとLIKE検索になるので遅いのが問題です。INDEX
が効かなくなる場合もあるので、プログラムしないよう気をつけましょう。有意コードには外部
キー制約が使えないので、「商品区分から商品一覧を取得する」処理も遅くなります。

また単純に、有意コードから値を取り出す処理が頻発してプログラムが汚くなります。商品区
分を意味して item.code[:2] というプログラムを書かれても、商品コードの仕様を知らない人
にはピンとこないでしょう。

ベストプラクティス

アプリケーションの仕様上必要ないのであれば有意コードを定義しないのが理想です。有意
コードが必要な場合は、検索や制約の条件として使わないようにしましょう。商品コードは、他
に存在する情報から自動で作られる値にします。あくまでシステム運用上、人間が使うためだけ
に用意します。

```
from django.core import validators
from django.utils import timezone

item_code_validator = validators.RegexValidator(r"[A-Z][0-9]{6}[0-9]{9}")


class ItemCategory(models.Model):
    name = models.CharField("カテゴリー名", max_length=51)


class Item(models.Model):
    code = models.CharField("商品コード", max_length=16, min_length=16, unique=True,
```

```
                            validators=[item_code_validator])
    category = models.ForeignKey(ItemCategory, ...)
    created_at = models.DateTimeField(default=timezone.now)
```

　商品カテゴリーを別のテーブルCategoryとして実装して、商品の作成日はcreated_atカラムとして実装しています。また、商品コードに正規表現でのバリデーターを設定しておくとより良いでしょう。

　データを絞り込む際は以下のようにします。

```
Item.objects.filter(category__name="家電")
Item.objects.filter(created_at__date=date(2020, 11, 5))
```

　有意コードの仕様そのものの問題は次のようなものがあります。

- ・有意コードに含まれた意味が、ユーザーに意図せず伝わり問題になる
  - ・11月に発表されたはずの商品なのに、商品コードの登録日が9月になっている
  - ・11月に亡くなった人の訃報記事なのに、記事コードを見ると8月に書かれている
- ・有意コードのある範囲で使っている桁数が足りなくなった場合に破綻する（A〜Zまでの商品区分を使い切った場合など）

　「記事コード」「記事ID」のようにメールでの問い合わせなどで必要ない値は、UUID4を使うと良いでしょう。余計なコード設計が不要でかつ重複もせず安全です。DBの自動採番のIDの場合、記事を書いた数やタイミングが類推されてしまいますが、UUIDはそれがありません。

　有意コードの必要なケースは以下があります。

- ・人が商品コードを見たときに、商品の性質が少しわかること
- ・商品コード、学生番号などがシステム運用上必要な場合がある（商品コードがあると、お問い合わせの際や倉庫作業時にコミュニケーションしやすい）

　その場合も、コードは他の「アカウントの登録日」や「商品の区分」から有意コードを表示用に作られるようにしておきましょう。アプリケーション内で検索の条件や、値の取得のために有意コードを使わないようにしてください。

≫57　カラム名を統一する

　データベースを設計したらカラム名がバラバラ、ということはないでしょうか？　小さな範囲でもルールを決めておくことで、開発時にタイプミスや勘違いを減らせます。

> **具体的な失敗**

```python
class Item(models.Model):
    name = models.CharField(...)

    reviewed = models.ForeignKey(User, ...)

    item_kbn = models.PositiveSmallIntegerField(...)
    delivery_type = models.PositiveSmallIntegerField(...)

    publish_dt = models.DateTimeField(...)
    created_at = models.DateTimeField(...)
```

このコードには以下のような問題があります。

- reviewedが外部キーかブール値かわかりにくい
- _typeと_kbnでブレている
- _dtと_atでブレている

1つのテーブル内などで表記がブレていると、同じ型のものを類推しにくくなります。また、この場合、たとえばItem.publish_atとタイプミスする確率が上がります。

> **ベストプラクティス**

カラムの型によってある程度揃えたほうが良いでしょう。

```python
class Item(models.Model):
    name = models.CharField(...)

    reviewer = models.ForeignKey(User, ...)

    item_type = models.PositiveSmallIntegerField(...)
    delivery_type = models.PositiveSmallIntegerField(...)

    published_at = models.DateTimeField(...)
    created_at = models.DateTimeField(...)
```

統一すると言っても、ある程度統一できていれば問題ありません。厳密にルール化しすぎると逆にわかりにくいカラム名になりがちです。同じアプリケーション単位や、1つのテーブル内である程度統一されていれば十分としましょう。

厳密なルールとすると、その運用コストが大きくなることが問題です。命名ルールそのもののメンテナンス、アップデートが必要になり、手間がかかります。プロジェクトやアプリケーション単位で変えたい場合も十分あり、細かな違いを許容するためのルールが増え、煩雑化します。

以下の場合は表記がブレやすいので、大まかな指針を持っておくと良いでしょう。

▶ 表2.1　カラム名の統一

値	表記	説明
日時	dt、datetime、at	_atにするのがプログラムを書くときに理解しやすい（expires_atなど）
種別	type、typ、flg、kbn	Categoryなどの別テーブルにして外部キーにしたほうが良い。flag、flg、kbnは誤解しやすいので使わないこと
ユーザーへの外部キー	reviewed_by、review_user、reviewer	単にuserとするとどういう意図でのユーザーなのかわかりにくくなりやすい。担当者などは...er。記録として残す場合deleted_byのように_byがわかりやすい
ブール値	is_published、has_published、published、published_flg	is_で統一すると理解しやすい。deletedやpublishedだとブールか日時かの判断がしにくい。flg、flagはブールかタイプかわかりにくいので使わないこと（53「ブール値でなく日付にする」P.123参照）
～から	since、from	日時であればsinceのほうが良い。主に未来の値として使う場合はsinceよりもfromのほうが英語的に自然
～まで	until、to	active_untilなどはuntilが自然。sinceとuntilを併せて使うのがわかりやすい。fromと併せて使うのであればtoが自然

2.3

Django ORMとの付き合い方

≫58 DBのスキーママイグレーションとデータマイグレーションを分ける

> プログラミング迷子

トラブルに弱いマイグレーション実装

後輩W：Djangoでモデルにフィールドを追加したのでマイグレーションしたところ、自分の環境とCIでは問題なかったんですが、開発サーバーで実行したら途中でエラーになって直せなくなってしまいました。こういう場合、テーブルを直接直したりしていいんでしょうか？

先輩T：途中でエラーっていうと、どんなエラー？

後輩W：追加しようとしたカラムがNULL不可で、データがある場合にデフォルト値がないせいでエラーになりました。

先輩T：Djangoのmigrateコマンドならバージョン指定することでできると思うけど、やってみた？

後輩W：それが、データを移動する処理も同じmigrationコードに書いていて、ロールバックしようとするともう必要なカラムがなくてエラーになります。

先輩T：なるほど、スキーママイグレーションとデータマイグレーションを1回でやろうとしたのか。MySQLではスキーマ変更にトランザクションが効かないから、エラーが起きた時点の状態で確定されちゃうんだよね。だからテーブルを直接直すしかなさそう。次からはデータマイグレーションを別のバージョンに分けると良いね。

　DjangoのORM（Object-Relational-Mapping）はマイグレーション機能も提供しています[※2]。Django ORMのモデルに定義したフィールドの移動は、実際にはフィールドの削除と新規追加として扱われます。このような変更に対するマイグレーションファイルは、1つのマイグレーションでカラムの追加と削除を行います。

※2 『Pythonプロフェッショナルプログラミング第3版』（ビープラウド 著、秀和システム 刊、2018年6月）の14章でDjangoのマイグレーション機能について紹介しています。

▶ リスト2.3　account/models.py

```
 class User(models.Model):
     name = models.CharField('name', max_length=20)
-    address = models.CharField('address', max_length=256, null=True)

+class Address(models.Model):
+    user = models.ForeignKey('User', on_delete=models.CASCADE, related_name='addr')
+    address = models.CharField('address', max_length=256, null=True)
```

▶ リスト2.4　account/migrations/0002_auto_20191126_1602.py

```
from django.db import migrations, models
import django.db.models.deletion

class Migration(migrations.Migration):

    dependencies = [
        ('account', '0001_initial'),
    ]

    operations = [
        migrations.RemoveField(
            model_name='user',
            name='address',
        ),
        migrations.CreateModel(
            name='Address',
            fields=[
                ('id', models.AutoField(auto_created=True, primary_key=True, ☑
serialize=False, verbose_name='ID')),
                ('address', models.CharField(max_length=256, null=True, verbose_name=☑
'address')),
                ('user', models.ForeignKey(on_delete=django.db.models.deletion.CASCADE, ☑
 related_name='addr', to='account.User')),
            ],
        ),
    ]
```

　ここで、addressの値を新しいカラムにデータマイグレーションで移動させたいからと、このマイグレーションファイルに処理を追加するとします。1つのDjangoマイグレーションファイルにスキーマ変更とデータ変更を両方実装するのは、よく見かける実装です。これで、このマイグレーションファイルには「カラム追加」「データ移動」「カラム削除」の3つの処理が実装されました。

▶ リスト2.5　account/migrations/0002_auto_20191126_1602.py

```
 from django.db import migrations, models
```

```
import django.db.models.deletion

def migrate_address_data(apps, schema_editor):
    """
    user.addressをaddress.addressにデータ移行する
    """
    User = apps.get_model('account', 'User')
    Address = apps.get_model('account', 'Address')
    for user in User.objects.all():
        Address.objects.create(
            user=user,
            address=user.address,
        )

class Migration(migrations.Migration):

    dependencies = [
        ('account', '0001_initial'),
    ]

    operations = [
        # データマイグレーション先となる新しいテーブルを追加するため、削除と順番を入れ替える
        migrations.CreateModel(
            name='Address',
            fields=[
                ('id', models.AutoField(auto_created=True, primary_key=True, serialize=☑
False, verbose_name='ID')),
                ('address', models.CharField(max_length=256, null=True, verbose_name=☑
'address')),
                ('user', models.ForeignKey(on_delete=django.db.models.deletion.☑
CASCADE, related_name='addr', to='account.User')),
            ],
        ),
        # データマイグレーション
        migrations.RunPython(
            migrate_address_data,
            reverse_code=migrations.RunPython.noop
        ),
        # 最後にカラムを削除
        migrations.RemoveField(
            model_name='user',
            name='address',
        ),
    ]
```

　上記のマイグレーションでも基本的には問題ありませんが、もしエラーが発生したら困ること
になります。このマイグレーションを実行したとき、「カラム追加」が成功したあと「データマイ

131

グレーション」や「カラム削除」で失敗する可能性があります。原因は、データマイグレーションコードの考慮不足かもしれませんし、カラム削除がローカル環境のSQLiteでうまくいっても本番環境のMySQLやPostgreSQLでうまくいかないケースなのかもしれません。

このような失敗が起こると、再実行もロールバックもできなくなってしまいます。マイグレーションの再実行は、すでに追加済みのカラムをさらに追加しようとして失敗します。ロールバックは、最後の「カラム削除」をロールバックとして「カラム追加」しようとしますが、実際にはカラムはまだ削除されていないため、存在するカラムをさらに追加しようとして失敗します。

> ### ベストプラクティス
>
> スキーママイグレーションとデータマイグレーションは個別に実行できるように用意しましょう。

この問題は、MySQLやOracleが、スキーマ変更を行うDDLの実行をトランザクションで管理していないために発生します。たとえば、ローカル環境でSQLiteを使ってスキーマ変更の動作確認をしていても、それはMySQLでエラーになる変更かもしれません。そしてMySQLでエラーになるとトランザクションのロールバックが効かないため、この問題に発展します。

manage.py makemigrationsで生成されたスキーママイグレーション用のマイグレーションコードに相乗りして、データマイグレーションを実装するとこのような問題に遭遇しやすくなります。manage.py makemigraitons <app> --emptyコマンドで空のマイグレーションファイルを作成し、個別のマイグレーションファイルにデータマイグレーションを実装しましょう。

モデルのフィールドを別のモデルに移動する場合は、3回のマイグレーションに分けます。

- 1回目：データの移動先フィールドを追加してmanage.py makemigrationsを実行
- 2回目：manage.py makemigrations <app> --emptyで空のマイグレーションファイルを作成し、データマイグレーションを実装
- 3回目：データの移動元フィールドを削除してmanage.py makemigrationsを実行

まず、データの移動先となるカラムを追加するスキーママイグレーションを用意します。

```
+class Address(models.Model):
+    user = models.ForeignKey('User', on_delete=models.CASCADE, related_name='addr')
+    address = models.CharField('address', max_length=256, null=True)
```

この時点でmanage.py makemigrationsを実行してmigrationファイルを作っておきます。

```
$ python manage.py makemigrations
Migrations for 'account':
  account/migrations/0002_address.py
    - Create model Address
```

　次に、データを移動するデータマイグレーション用ファイルを Address モデルを追加するマイ
グレーションファイル0002_address.pyとは別に作成します。

```
$ python manage.py makemigrations account --empty
Migrations for 'account':
  account/migrations/0003_auto_20191126_1642.py
```

▶ **リスト2.6　account/migrations/0003_auto_20191126_1642.py**

```python
from django.db import migrations


def migrate_address_data(apps, schema_editor):
    """
    user.addressをaddress.addressにデータ移行する
    """
    User = apps.get_model('account', 'User')
    Address = apps.get_model('account', 'Address')
    for user in User.objects.all():
        Address.objects.create(
            user=user,
            address=user.address,
        )


class Migration(migrations.Migration):

    dependencies = [
        ('account', '0002_address'),
    ]

    operations = [
        # データマイグレーション
        migrations.RunPython(
            migrate_address_data,
            reverse_code=migrations.RunPython.noop
        ),
    ]
```

　このデータマイグレーションはロールバック処理も実装するべきですが、ここでは省略します。
ロールバックの実装については**59**「データマイグレーションはロールバックも実装する」(P.135)
で説明します。

　そして、データ移動元のカラムを削除するためUser.addressフィールドを削除し、マイグ
レーションファイルを作成します。

```python
class User(models.Model):
    ...
-    address = models.CharField('address', max_length=256, null=True)
```

```
$ python manage.py makemigrations account
Migrations for 'account':
  account/migrations/0004_remove_user_address.py
    - Remove field address from user
```

最後に、マイグレーションの適用を行います。

```
$ python manage.py migrate account
Operations to perform:
  Apply all migrations: account
Running migrations:
  Applying account.0002_address... OK
  Applying account.0003_auto_20191126_1642... OK
  Applying account.0004_remove_user_address... OK
```

マイグレーションの動作検証は、実際に使用するデータベースエンジンで、データが格納された状態で実施してください。これは、データの不整合を起こすようなスキーマ変更でもデータが空の状態では成功してしまうためです。本番に近いデータが格納された状態でマイグレーションの成功を確認できれば、本番環境で安心してマイグレーションを実行できます。

COLUMN

▌トランザクション内でのDDL

　データベースの操作を行うSQLにはDDLとDMLの2つの種類があります。DDL（Data Definition Language）は、CREATE TABLEなどの、テーブルの作成変更削除や、INDEXや制約を設定します。DML（Data Manipulation Language）は、SELECT、INSERT、UPDATE、DELETEといったテーブルのレコードを操作します。これ以外にも、DCL（Data Control Language）やTCLなどがありますがここでは説明を割愛します。

　トランザクション内でのDML実行は、途中で失敗した場合にトランザクション開始時の状態に戻せるように、ほとんどのデータベース製品で実装されています。しかし、DDLによるテーブル変更がトランザクションで元の状態に戻せるかどうかは、データベース製品によって異なります。Djangoのスキーママイグレーション（DDL操作）は、途中で失敗した場合に元に戻せるよう、トランザクションをロールバックします。しかし、DDLの暗黙コミットによって変更を自動的に確定するデータベースでは、元に戻せません。暗黙コミットを行うデータベースの例として、Oracle[3]とMySQL[4]があります。暗黙コミットを行わないPostgreSQL[5]では、スキーママイグレーション中のエラー時には、操作開始前の状態にロールバックされます。

※3　http://otndnld.oracle.co.jp/document/products/oracle11g/111/doc_dvd/server.111/E05765-03/transact.htm

※4　https://dev.mysql.com/doc/refman/5.6/ja/implicit-commit.html

※5　https://www.postgresql.jp/document/11/html/sql-begin.html

関連

・**59** データマイグレーションはロールバックも実装する （P.135）

≫ 59 データマイグレーションはロールバックも実装する

> プログラミング迷子

■ ロールバックする予定がないからロールバックを実装しなくて良い？

先輩T ：このデータマイグレーション、ロールバック処理が実装されてないけど、絶対に
ロールバックしない想定？

後輩W ：はい、ロールバックしないです。本番リリース後にこのデータマイグレーションを
ロールバックするとマズイので。

先輩T ：データマイグレーションのロールバックがあれば、実装中に進めたり戻したりして
試行錯誤できるのでオススメだよ。そういった試行錯誤で見つかるバグや考慮漏れ
も見つかるので超オススメです。

後輩W ：本番でロールバックしないなら不要と思ってました。ちょっと実装方法を勉強して
きます。

　データマイグレーションのロールバックを実装するかどうかは、本番環境でロールバックを実行する予定があるかどうかで決めるものではありません。本番環境でマイグレーションをロールバックするということは、本番環境へのリリースで何らかの障害が発生した、ということです。障害が発生してしまったのに本番環境のデータを元に戻せない、という状況は避けるべきでしょう。

　データベースマイグレーション機能を持つDjangoなどの多くのフレームワークでは、スキーママイグレーションのロールバック機能を提供しています。これに対してデータマイグレーションは、正しいデータの状態を人間がプログラムする必要があるため、自動では用意されません。スキーマと同様に、データもロールバックできるように実装しておけば、何かあった場合の最終手段として利用できます。

　もし、データマイグレーションのロールバックが用意されていなかったり、どうしてもロールバック処理を実装できないマイグレーションの場合、本番環境への適用はかなり慎重に行う必要があるでしょう。

ベストプラクティス

　データマイグレーションはロールバックも実装し、動作を確認しましょう。

　データマイグレーションのロールバック処理の実装は、本番適用時のトラブルに対する備えであると同時に、データマイグレーションに対するユニットテストでもあります。ロールバック処理を書くことでデータマイグレーションに対する理解が深まり、事前に問題に気づく機会を得ら

れます。また、適用とロールバックを繰り返しながらデータの整合性に問題がないか、確認を繰り返し行えるようになります。

58「DBのスキーママイグレーションとデータマイグレーションを分ける」（P.129）で実装したデータマイグレーションに、ロールバック処理を実装してみましょう。以下のコードにある`reverse_address_data`がロールバック処理です。

▶ **リスト2.7　account/migrations/0003_auto_20191126_1642.py**

```python
from django.db import migrations

def migrate_address_data(apps, schema_editor):
    """
    user.addressをaddress.addressにデータ移行する
    """
    User = apps.get_model('account', 'User')
    Address = apps.get_model('account', 'Address')
    for user in User.objects.all():
        Address.objects.create(
            user=user,
            address=user.address,
        )

def reverse_address_data(apps, schema_editor):
    """
    address.addressをuser.addressに戻す
    """
    Address = apps.get_model('account', 'Address')
    for address in Address.objects.all():
        user = address.user
        user.address = address.address
        user.save()

class Migration(migrations.Migration):

    dependencies = [
        ('account', '0002_address'),
    ]

    operations = [
        # データマイグレーション
        migrations.RunPython(
            migrate_address_data,
            reverse_code=reverse_address_data
        ),
    ]
```

マイグレーションの動作検証は、実際に使用するデータベースエンジンで、データが格納され

た状態で実施してください。これは、データの不整合を起こすようなスキーマ変更でもデータが
空の状態では成功してしまうためです。

　マイグレーションの適用とロールバックの動作確認を行います。

```
### マイグレーションを適用

$ python manage.py migrate account
Operations to perform:
  Apply all migrations: account
Running migrations:
  Applying account.0002_address... OK
  Applying account.0003_auto_20191126_1642... OK
  Applying account.0004_remove_user_address... OK

### ここでデータが期待どおりに移行されているか、DBの値を確認する

### マイグレーションをロールバック

$ python manage.py migrate account 0001
Operations to perform:
  Target specific migration: 0001_initial, from account
Running migrations:
  Rendering model states... DONE
  Unapplying account.0004_remove_user_address... OK
  Unapplying account.0003_auto_20191126_1642... OK
  Unapplying account.0002_address... OK

### ここでデータが期待どおりに元に戻っているか、DBの値を確認する

### マイグレーションを再度適用

$ python manage.py migrate account
Operations to perform:
  Apply all migrations: account
Running migrations:
  Applying account.0002_address... OK
  Applying account.0003_auto_20191126_1642... OK
  Applying account.0004_remove_user_address... OK
```

　マイグレーション処理でエラーになった場合は、マイグレーション単体で適用とロールバック
ができるか確認してみてください。この作業を通してマイグレーション処理の理解を深めること
で、正しいデータマイグレーションを実装でき、本番環境でのリリーストラブルを回避できるよ
うになります。

≫60 Django ORMでどんなSQLが発行されているか気にしよう

■ ORMを使えばSQLを知らなくても良い？

後輩W ：新しい機能を実装したらレスポンスがすごい遅い……。

先輩T ：どんなSQLが発行されてるか確認してみた？

後輩W ：どうやったらわかるんですか？

先輩T ：Django Debug Toolbarを使うといいよ。あるいはsettings.LOGGINGにこんな設定を書いて、DBのSQL発行をログ出力しよう。

```
LOGGING = {
    'version': 1,
    'handlers': {
        'console': {
            'class': 'logging.StreamHandler',
        },
    },
    'loggers': {
        'django.db.backends': {
            'handlers': ['console'],
            'level': 'DEBUG',
            'propagate': False
        },
    },
}
```

後輩W ：ブラウザでアクセスしたら何十行もSQLが出てきました。

先輩T ：それはSQLを発行しすぎみたいだね。SQLを発行している実装コードを確認してみよう。

後輩W ：これは何か問題があるんですか？

先輩T ：そうだね、SQL発行ごとにデータベースと通信してデータをやりとりするので、意図せずSQL発行が多くなってるのは問題があるよ。こういうのを**N＋1問題**って言うんだ。

後輩W ：そうなんですね……。そういうのはORMでうまくやってくれるんだと思ってました……。

　残念ながら、ORMは「SQLを知らなくても使える便利な仕組み」ではありません。簡単なクエリであればSQLを確認する必要はなく、多くの要件は簡単なクエリの発行で済むかもしれません。だからといって、ORMがどんなSQLを発行しているか気にしないままでいると、落とし穴にはまってしまいます。

　ORMを使ってクエリを作成していると、どんなSQLが発行されているか見えづらくなります。Pythonの辞書データを使う感覚でDBへのクエリを発行すると、同じSQLが何度も発行されたり、Pythonプログラムとデータベースとの間でデータが往復していたりして、その分アプリは遅くなっていきます。このような問題はORMで大量のデータを扱ったことがない場合に発生します。

具体的な失敗

1. データベースに格納されているマスターデータ（本のジャンルや企業の営業所名）などの、めったに変更されないけれどよく参照するデータを1リクエスト中に何度も取得している
2. SELECTで数十万件のIDをデータベースから取得して、それを少し加工してから次のSQLに渡している
3. 期待するデータを得ようとORMで複雑なコードを書いた結果、複雑なSQLが組み立てられてしまい、DBでの処理コストが非常に高い
4. SELECTで数件のIDを取得して、プログラム側のループ処理でIDそれぞれについて別のテーブルから該当するデータを取得しており、件数に比例してクエリ実行回数が増加する

　1番目の問題は、たとえばログ出力に以下のようなSQL発行が短時間のうちに繰り返されている状態です。

```
DEBUG [2019-12-13 03:23:56,373] django.db.backends (0.000) SELECT "genre"."id", ☑
"genre"."name", "genre"."created_at" FROM "genre";
...
DEBUG [2019-12-13 03:23:56,374] django.db.backends (0.000) SELECT "genre"."id", ☑
"genre"."name", "genre"."created_at" FROM "genre";
...
DEBUG [2019-12-13 03:23:56,375] django.db.backends (0.000) SELECT "genre"."id", ☑
"genre"."name", "genre"."created_at" FROM "genre";
...
```

　2番目〜4番目は、**62**「SQLから逆算してDjango ORMを組み立てる」（P.145）で説明します。本項では、そもそも問題に気づくためにはどうすればよいか説明します。

ベストプラクティス

以下のポイントを守りましょう。

- ORMを使ったクエリを新しく書いたら、ORMが生成するSQLを確認する
- 1回のSELECTで書けるクエリが複数回に分けて実行されていたら、1つにまとめることを検討する

・1つのリクエスト中に何度も同じSQLが発行されていたら、1回で済むように修正する

　ORMを使ってSQLを組み立てることには多くのメリットがあります。しかし、ある程度複雑な処理で期待どおりのパフォーマンスを出すには、ORMを使っていてもSQLの知識は欠かせません。ORMの知識は、そのORMを使っているときは有用ですが、他のORMを使うときにはあまり役に立ちません。SQLの知識があれば、ORMを使うときだけでなく、データベースが関わる多くのシーンで役立ちます。

　SQL発行回数とその内容を調べるDjangoのプラグインを**76**「シンプルに実装しパフォーマンスを計測して改善しよう」(P.185) で紹介します。

[関連]

・**61**　ORMのN＋1問題を回避しよう（P.140）
・**62**　SQLから逆算してDjango ORMを組み立てる（P.145）
・**76**　シンプルに実装しパフォーマンスを計測して改善しよう（P.185）

≫61　ORMのN＋1問題を回避しよう

`プログラミング迷子`

▌N＋1問題を回避するORMの書き方は？

後輩W ：ログを出して発行されるSQLを確認するのはわかったんですが、件数に比例してSELECTがたくさん発行されてしまうのは、どうやって直せば良いんでしょうか？

先輩T ：N＋1問題は、Djangoの場合、`select_related`か`prefetch_related`を使えば解決できるよ。

後輩W ：それじゃあ、常にそれを使うようにコードを書けば解決するんじゃないですか？

先輩T ：いやいや、常に使ってしまうと関連テーブルのデータを全く必要としないときにもデータを取得してデータベースに負荷をかけてしまうことになるよ。

[具体的な失敗]

　プログラムのループ処理で、複数のIDそれぞれについてデータベースにSQLを発行すると、件数に比例してクエリ実行回数が増加して、パフォーマンスに影響が出ます。たとえば以下のようなコードです。

```
def process_tasks(ids):
    for pk in my_ids:
        task = Task.objects.get(pk=id)
        ...
```

```
my_ids = [1, 2, 3, 4, 5]
process_tasks(my_ids)
```

　このようなコードは、コードレビューなどで指摘されて、すぐに修正されるでしょう。では、以下のコードではどうでしょうか。

```
def process_tasks(mail: Mail):
    for attach in mail.mailattach_set.all():
        task = attach.task
        ...

mail = Mail.objects.first()
process_tasks(mail)
```

　このコードに登場する、mail、attach、taskがどんなオブジェクトなのかは、このコードだけではわかりません。注意深くレビューする人であれば、変数それぞれが何のオブジェクトなのかを調べることで、問題に気づけるかもしれません。

　メールに添付された複数のファイルそれぞれからタスク化して業務を進めるシステムの例を考えてみましょう。タスク（Task）、メールの添付ファイル（MailAttach）、メール（Mail）の3つがあり、それぞれ外部キー参照しています。タスクには状態stateがあり、添付ファイルがタスク化されると、未処理、処理中、完了、保留、のいずれかの状態を持ち、途中でキャンセルされるとis_cancelledがTrueに設定されます。

```
from django.db import models

State = models.IntegerChoices('State', '未処理 処理中 完了 保留')

class Task(models.Model):
    class Meta:
        db_table = 'task'
    state = models.IntegerField('状態', choices=State.choices)
    is_cancelled = models.BooleanField('キャンセル', default=False)
    mail_attach = models.OneToOneField('MailAttach', on_delete=models.DO_NOTHING)
    changed_by = models.CharField('更新者名', max_length=40)

class MailAttach(models.Model):
    class Meta:
        db_table = 'mail_attach'
    file = models.CharField('添付ファイル', max_length=256)
    mail = models.ForeignKey('Mail', on_delete=models.CASCADE)

class Mail(models.Model):
    class Meta:
        db_table = 'mail'
```

```
    addr_from = models.CharField('From', max_length=128)
    date = models.DateTimeField('Date')
```

　ここから、メールの一覧と各メールのタスク状態を確認する処理を実装します。まず、添付ファイルが2つあるメール（pk=9）について確認してみましょう。

```
>>> def process_tasks(mail: Mail):
...     for attach in mail.mailattach_set.all():
...         task = attach.task
...         print(f'{mail.pk=}, {task.pk=}, {task.state=}, {task.is_cancelled=}')
...
>>> mail_2attach = Mail.objects.get(pk=9)
>>> process_tasks(mail_2attach)
mail.pk=9, task.pk=8, task.state=4, task.is_cancelled=False
mail.pk=9, task.pk=9, task.state=1, task.is_cancelled=False
```

　このとき、settings.LOGGINGを適切に設定してあれば、以下のログが出力されます。

```
DEBUG [2019-12-13 03:13:27,272] django.db.backends (0.001) SELECT "mail"."id", ↵
"mail"."addr_from", "mail"."date" FROM "mail" WHERE "mail"."id" = 9; args=(9,)
DEBUG [2019-12-13 03:14:55,834] django.db.backends (0.000) SELECT "mail_attach"."id", ↵
"mail_attach"."file", "mail_attach"."mail_id" FROM "mail_attach" WHERE "mail_attach". ↵
"mail_id" = 9; args=(9,)
# ここからfor文
DEBUG [2019-12-13 03:14:55,836] django.db.backends (0.000) SELECT "task"."id", ↵
"task"."state", "task"."is_cancelled", "task"."mail_attach_id", "task"."changed_by" ↵
FROM "task" WHERE "task"."mail_attach_id" = 15; args=(15,)
DEBUG [2019-12-13 03:14:55,837] django.db.backends (0.000) SELECT "task"."id", ↵
"task"."state", "task"."is_cancelled", "task"."mail_attach_id", "task"."changed_by" ↵
FROM "task" WHERE "task"."mail_attach_id" = 16; args=(16,)
```

　問題なさそうに見えますが、taskテーブルからのデータ取得向けに2回クエリが発生しているのが気になるところです。続けて、添付ファイルが5つあるメール（pk=8）について確認してみましょう。

```
>>> mail_4attach = Mail.objects.get(pk=8)
>>> process_tasks(mail_4attach)
mail.pk=8, task.pk=10, task.state=4, task.is_cancelled=False
mail.pk=8, task.pk=11, task.state=1, task.is_cancelled=False
mail.pk=8, task.pk=12, task.state=2, task.is_cancelled=False
mail.pk=8, task.pk=13, task.state=3, task.is_cancelled=False
```

実行すると、以下の実行ログが出力されます。

```
DEBUG [2019-12-13 03:23:06,945] django.db.backends (0.000) SELECT "mail"."id",
"mail"."addr_from", "mail"."date" FROM "mail" WHERE "mail"."id" = 8; args=(8,)
DEBUG [2019-12-13 03:23:56,371] django.db.backends (0.000) SELECT "mail_attach"."id",
"mail_attach"."file", "mail_attach"."mail_id" FROM "mail_attach" WHERE "mail_attach".
"mail_id" = 8; args=(8,)
# ここからfor文
DEBUG [2019-12-13 03:23:56,373] django.db.backends (0.000) SELECT "task"."id",
"task"."state", "task"."is_cancelled", "task"."mail_attach_id", "task"."changed_by"
FROM "task" WHERE "task"."mail_attach_id" = 8; args=(8,)
DEBUG [2019-12-13 03:23:56,374] django.db.backends (0.000) SELECT "task"."id", "task".
"state", "task"."is_cancelled", "task"."mail_attach_id", "task"."changed_by" FROM
"task" WHERE "task"."mail_attach_id" = 9; args=(9,)
DEBUG [2019-12-13 03:23:56,375] django.db.backends (0.000) SELECT "task"."id",
"task"."state", "task"."is_cancelled", "task"."mail_attach_id", "task"."changed_by"
FROM "task" WHERE "task"."mail_attach_id" = 10; args=(10,)
DEBUG [2019-12-13 03:23:56,376] django.db.backends (0.000) SELECT "task"."id",
"task"."state", "task"."is_cancelled", "task"."mail_attach_id", "task"."changed_by"
FROM "task" WHERE "task"."mail_attach_id" = 11; args=(11,)
```

　SQL発行回数が明らかに増えているのがわかります。attach.taskのように書いてDjangoの
モデルインスタンスから関連テーブルのデータにアクセスできる機能は便利ですが、背後ではこ
のような意図しないSQLが発行されている可能性があります。件数が少ないうちは気づかない問
題ですが、データ件数に比例してクエリ実行回数が増加してしまいます。上記のログを見ると、
それぞれの時間は**0.001秒**程度ですが、1,000件あれば1秒かかります。また、複数人で利用す
るシステムではパフォーマンスへの影響が大きくなります。

(ベストプラクティス)

　ログを出力して、発行されているSQLを理解しましょう。前述の例のように、ログ出力されて
いれば、どのようなSQLが発行されているかは簡単にわかります。そのSQLを読み解いて、そ
れがパフォーマンスに影響を及ぼすSQLだと理解する必要があります。

　発行されているSQLを読み解いたあとは、Django ORMの知識も必要となります。N + 1問題
を回避する方法は、Djangoの公式ドキュメントのQuerySet API reference[6]のprefetch_
relatedに記載されています。

　ここでは、prefetch_relatedを使って前述のコードを修正する例を紹介します。先ほどと同
様に、添付ファイルが2つあるメール（pk=9）について確認してみましょう。prefetch_
relatedの使い方に注目してください。

```
>>> from django.db.models import Prefetch
```

※6　https://docs.djangoproject.com/ja/2.2/ref/models/querysets/

```
>>> mail_2attach_prefetch = Mail.objects.prefetch_related(Prefetch('mailattach_set__
task')).get(pk=9)
>>> print_mail_tasks(mail_2attach_prefetch)
mail.pk=9, task.pk=8, task.state=4, task.is_cancelled=False
mail.pk=9, task.pk=9, task.state=1, task.is_cancelled=False
```

実行すると、以下の実行ログが出力されます。

```
DEBUG [2019-12-13 03:52:04,212] django.db.backends (0.000) SELECT "mail"."id",
"mail"."addr_from", "mail"."date" FROM "mail" WHERE "mail"."id" = 9; args=(9,)
DEBUG [2019-12-13 03:52:04,214] django.db.backends (0.000) SELECT "mail_attach"."id",
"mail_attach"."file", "mail_attach"."mail_id" FROM "mail_attach" WHERE "mail_attach".
"mail_id" IN (9); args=(9,)
DEBUG [2019-12-13 03:52:04,219] django.db.backends (0.003) SELECT "task"."id", "task".
"state", "task"."is_cancelled", "task"."mail_attach_id", "task"."changed_by" FROM
"task" WHERE "task"."mail_attach_id" IN (15, 16); args=(15, 16)
# ここからfor文：
```

for文中にクエリが発行されていないことがわかります。その代わり、taskテーブルから必要なレコード2件を取得するクエリのログが1行増えています。

続けて、添付ファイルが5つあるメール（pk=8）について確認してみましょう。

```
>>> mail_4attach_prefetch = Mail.objects.prefetch_related(Prefetch('mailattach_set__
task')).get(pk=8)
>>> print_mail_tasks(mail_4attach_prefetch)
mail.pk=8, task.pk=10, task.state=4, task.is_cancelled=False
mail.pk=8, task.pk=11, task.state=1, task.is_cancelled=False
mail.pk=8, task.pk=12, task.state=2, task.is_cancelled=False
mail.pk=8, task.pk=13, task.state=3, task.is_cancelled=False
```

出力されたログは、2件のときと同じ、3行でした。

```
DEBUG [2019-12-13 03:58:13,431] django.db.backends (0.000) SELECT "mail"."id",
"mail"."addr_from", "mail"."date" FROM "mail" WHERE "mail"."id" = 8; args=(8,)
DEBUG [2019-12-13 03:58:13,435] django.db.backends (0.000) SELECT "mail_attach"."id",
"mail_attach"."file", "mail_attach"."mail_id" FROM "mail_attach" WHERE "mail_attach".
"mail_id" IN (8); args=(8,)
DEBUG [2019-12-13 03:58:13,452] django.db.backends (0.007) SELECT "task"."id",
"task"."state", "task"."is_cancelled", "task"."mail_attach_id", "task"."changed_by"
FROM "task" WHERE "task"."mail_attach_id" IN (8, 9, 10, 11); args=(8, 9, 10, 11)
```

prefetch_relatedを使うことで、N＋1問題は解決できました。初めからそのようなコードを書くには、フレームワークやライブラリのすべてを知っておく必要がありますが、それは現実

的ではありません。まずはログを出力し、発行されているSQLを理解するところから始めましょう。

COLUMN

▌N＋1問題を検出するDjangoのプラグイン

nplusoneは、N＋1問題を自動的に検出して、ログ出力や例外の送出を行うライブラリです。Djangoだけでなく、SQLAlchemy、PeeweeなどのORMに対応しています。ユニットテスト実行時にN＋1問題を検出した場合は例外を送出するように設定して、テストを失敗させることもできます。

・nplusone
https://pypi.org/p/nplusone

関連

- **60** Django ORMでどんなSQLが発行されているか気にしよう（P.138）
- **76** シンプルに実装しパフォーマンスを計測して改善しよう（P.185）

≫62 SQLから逆算してDjango ORMを組み立てる

プログラミング迷子

▌Django ORMで組んだSQLのバグが直らない

先輩T ：実装中の、タスク一覧に保留コメントを表示する機能が3日くらい遅れてるけど、問題は解決しそう？

後輩W ：はい、一部うまく表示できない問題が解決できました。ただ、ORMで発行されたSQLがテーブルを2重にJOINしていて不安なので動作確認中です。

先輩T ：ちょっと気になるね。そういうのを残しておくとパフォーマンス悪化や別のバグの原因になったりするので、確認してみるよ。

後輩W ：お願いします。

－1時間後－

先輩T ：ORM周りのコード、JOINが2重になってるのは直せそうだけど、それ以外にもDBからID数千件を取得してからまたDBに渡したり、コメントに「ORMでNULLを取り除けないのでPythonで除去」って書いてあったりして、だいぶ問題がありそうだね。

後輩W ：Django ORMの書き方を変えて試行錯誤したんですけど、1回のクエリ発行では無理そうだったので、わかりやすい方法にしました。

先輩T ：いや全然わかりやすくないってw ちょっとペアプロで一緒に書き直していこうか。

　業務系のWebシステムを開発していると、プログラミングにかける時間の多くは期待するデータを取得するためにデータベースへのクエリをORMで実装する時間に充てられます。Webシステムがすでに利用中でそこに機能追加を行う場合、すでに実装されているORMのクエリに処理を追加してしまいがちですが、そのような進め方ではなかなか期待どおりの結果は得られないばかりか、パフォーマンス悪化やバグの原因になってしまいます（**60**「Django ORMでどんなSQLが発行されているか気にしよう」P.138参照）。

具体的な失敗

　実例を紹介するため、**61**「ORMのN＋1問題を回避しよう」（P.140）で使用したコードを使用します。3つのDjangoモデル、タスク（Task）、メールの添付ファイル（MailAttach）、メール（Mail）は、それぞれ外部キー参照しています。タスクには状態stateがあり、添付ファイルがタスク化されると、未処理、処理中、完了、保留、のいずれかの状態を持ち、途中でキャンセルされるとis_cancelledがTrueに設定されます。

　ここから、メール一覧画面のためのクエリを実装します。メール一覧では、タスク化されていない添付ファイルを含むメールを表示します。そして、2つの機能「保留のみ表示の指定」「保留の場合は保留コメントも表示する」を追加実装したこととします。

　以下のコードは、既存のORM実装に試行錯誤してコードを追加した例です。例示のため、ORMで発行されるSQLをコメントで並記しました。

```python
from app.models import *
from django.db.models import Q


def get_unprocessed_qs(is_pending_only):
    # まだタスク割当のないMailAttachのIDリストを取得
    # MailAttachから以下の条件に当てはまるものを除外し、振り分けのされていないもののIDのみ取得
    # * タスク割当済み ("保留" 以外の Task と紐付いている)
    # * キャンセルされている ("キャンセル" 状態の Task と紐付いている)
    task_ids = Task.objects.filter(
        ~Q(state=State['保留'])|Q(is_cancelled=True)
    ).values_list('mail_attach', flat=True)
    non_null_ids = filter(None, task_ids)  # NULLを除去
    # 上記条件のタスクに割り当てられていない添付ファイルのIDリストを取得
    non_assigned_mail_attach_ids = MailAttach.objects.exclude(
        id__in=non_null_ids
    ).values_list('pk', flat=True)
    # ここでは以降のSQL例示のため non_assigned_mail_attach_ids == (1, 3, 5) とする

    # タスク割当されていないMailAttachを1つでも持つMailを取得
    qs = Mail.objects.all()
    qs = qs.filter(mailattach__id__in=non_assigned_mail_attach_ids).distinct()

    # ########## タスクを保留にしたユーザ名(Task.changed_by)の一覧を取得
```

```
task_changed_by_names = qs.filter(
    mailattach__task__is_cancelled=False,
    mailattach__task__state=State['保留'],
).order_by(
    '-mailattach__task__id'
).values_list(
    'pk', 'mailattach__task__changed_by'
)
# SELECT DISTINCT mail.id, task.changed_by
# FROM mail
#     INNER JOIN mail_attach ON (mail.id = mail_attach.mail_id)
#     INNER JOIN mail_attach T3 ON (mail.id = T3.mail_id)
#     INNER JOIN task ON (T3.id = task.mail_attach_id)
# WHERE (
#     mail_attach.id IN (
#         SELECT U0.id FROM mail_attach U0 WHERE NOT (U0.id IN (1, 3, 5)))
#     AND task.is_cancelled = 0
#     AND task.state = 4
# )
# ORDER BY task.id DESC;

# qs.filterでtaskのchanged_byがNoneの値をisnullで取り除けないためPythonで除去する
non_null_task_changed_by_names = [x for x in task_changed_by_names if x[1]]

# ########## タスク未割当のメール一覧を取得

if is_pending_only:  # 「保留のみ」指定の場合
    qs = qs.filter(
        mailattach__task__is_cancelled=False,
        mailattach__task__state=State['保留']
    )
    # SELECT DISTINCT mail.id, mail.addr_from, mail.date
    # FROM mail
    #     INNER JOIN mail_attach ON (mail.id = mail_attach.mail_id)
    #     INNER JOIN mail_attach T3 ON (mail.id = T3.mail_id)
    #     INNER JOIN task ON (T3.id = task.mail_attach_id)
    # WHERE (
    #     mail_attach.id IN (
    #         SELECT U0.id FROM mail_attach U0 WHERE NOT (U0.id IN (1, 3, 5)))
    #     AND task.is_cancelled = 0
    #     AND task.state = 4
    # );

return qs.order_by('date'), non_null_task_changed_by_names
```

　コメント以外のコードは短くシンプルなように見えます。しかしコードをよく読むと、要件どおりに動作する実装かどうかわかりやすく書けている、とは言えません。

　最初にデータベースから取得している`task_ids`は、2行後で除外に使うID群ですが、直前のコメントは逆の意味にも読めます。また`task_ids`には保留以外のほぼすべての`Task.id`が格納されるため、サービスの運用期間に比例してデータ量が増え、メモリを圧迫し、Webアプリケーションとデータベース間の通信コストが非常に高い状態です。ORMで発行されるSQLを見ても、`mail_attach`テーブルが2回JOINされていてそれが適切なSQLかどうかすぐにはわかりません。

COLUMN

▌スパゲッティクエリ

　スパゲッティクエリは、複雑な問題を1つのSQLで解決しようとするアンチパターンです。『SQLアンチパターン』（Bill Karwin著、オライリージャパン 刊、2013年）で紹介されているアンチパターンの1つで、無理に1つのSQLに押し込めようとするあまり、複雑で読み解くことができないSQLを書いてしまう問題を指しています。

　無理に1つのSQLにすることは避けるべきですが、本節の例のようにパフォーマンスに影響が出るような実装もまた避けるべきでしょう。

ベストプラクティス

　理想のSQLを書いてから、そのSQLをORMで発行するように実装しましょう。

　先ほどの例では、データベースから取得したIDのリストをそのまま次のSQLに渡したり、不要なJOINが行われているという問題がありました。ソースコメントからも、これが意図した結果ではなくORMをうまく扱えなかった結果だというのが明らかです。ORMをうまく扱うには、使っているORMライブラリのクセを把握する必要があります。複雑なクエリを実装するときは先に**理想のSQL**を書いて、そのSQLを使っているORMで再現できるかを検討するのが良いでしょう。

　以下のSQLは、要件から期待される理想のSQLです。

```sql
-- タスクを保留にしたユーザ名(Task.changed_by)の一覧を取得
SELECT DISTINCT
    mail.id,
    task.changed_by
FROM mail
    INNER JOIN mail_attach ON (mail.id = mail_attach.mail_id)
    INNER JOIN task ON (mail_attach.id = task.mail_attach_id)
WHERE
    task.is_cancelled = 0
    AND task.id IS NOT NULL
    AND task.state = 4
    AND task.changed_by IS NOT NULL
ORDER BY task.id DESC;

-- タスク未割当のメール一覧を取得
SELECT DISTINCT
```

```
    mail.id,
    mail.addr_from,
    mail.date
FROM mail
    INNER JOIN mail_attach ON (mail.id = mail_attach.mail_id)
    LEFT OUTER JOIN task ON (mail_attach.id = task.mail_attach_id)
WHERE
    (
        AND task.id IS NOT NULL
        AND task.state = 4
        AND task.is_cancelled = 0
    ) OR (
        AND task.id IS NULL
    )
ORDER BY mail.date;
```

このような**理想のSQL**を書くことができれば、「要件を満たす」という一番重要な作業は完了します。あとは、これをDjango ORMで表現するという技術的な課題を解決するだけです。

以下のコードは、理想のSQLを元にDjango ORMを使って実装しました。このコードに落ち着くまでに、Django ORMのクセのために多少試行錯誤はありましたが、SQLを書かずに試行錯誤するよりは格段に短い時間で実装できています。ORMから生成されたSQLもほぼ期待どおりで、IDリストがアプリとDBで往復せず、サブクエリや余分なJOINがありません。

```python
def get_unprocessed_qs(is_pending_only):
    # コメント一覧とメール一覧の両方で使うQuerySet
    base_qs = Mail.objects.all().distinct()  # JOINで重複するためdistinct

    # taskがNULLでなく、保留中のもの。コメント一覧とメール一覧の両方で使う共通のクエリ条件
    qs_pending = Q(
        mailattach__isnull=False,  # MailAttachは必須、余計なOUTER JOIN避け
        mailattach__task__isnull=False,  # 余計なOUTER JOIN避け
        mailattach__task__is_cancelled=False,
        mailattach__task__state=State['保留'],
    )

    # ########## タスクを保留にしたユーザ名(Task.changed_by)の一覧を取得

    # 保留タスクのユーザ情報を得る. task=Nullは考慮不要
    non_null_task_changed_by_names = base_qs.filter(qs_pending,
        # changed_by がNULLのレコードは更新者不明のため、除外
        mailattach__task__changed_by__isnull=False,
    ).order_by(
        '-mailattach__task__id'
    ).values_list(
        'pk', 'mailattach__task__changed_by'
    )
```

```
# SELECT DISTINCT
#     mail.id, task.changed_by, task.id
# FROM mail
#     INNER JOIN mail_attach ON (mail.id = mail_attach.mail_id)
#     INNER JOIN task ON (mail_attach.id = task.mail_attach_id)
# WHERE (
#     mail_attach.id IS NOT NULL
#     AND task.is_cancelled = 0
#     AND task.id IS NOT NULL
#     AND task.state = 4
#     AND task.changed_by IS NOT NULL
# )
# ORDER BY task.id DESC;

# ########## タスク未割当のメール一覧を取得

unprocessed_qs = base_qs.order_by('date')

if is_pending_only:  # 「保留のみ」指定の場合
    unprocessed_qs = unprocessed_qs.filter(qs_pending)
    # SELECT DISTINCT mail.id, mail.addr_from, mail.date
    # FROM mail
    #     INNER JOIN mail_attach ON (mail.id = mail_attach.mail_id)
    #     INNER JOIN task ON (mail_attach.id = task.mail_attach_id)
    # WHERE (
    #     mail_attach.id IS NOT NULL
    #     AND task.is_cancelled = 0
    #     AND task.id IS NOT NULL
    #     AND task.state = 4
    # )
    # ORDER BY mail.date;
else:  # 保留を含む未割当全件
    unprocessed_qs = unprocessed_qs.filter(
        qs_pending |  # 保留,または
        Q(  # taskがNULLならタスク未割当
            mailattach__isnull=False,  # MailAttachは必須
            mailattach__task__isnull=True,
        )
    )
    # SELECT DISTINCT mail.id, mail.addr_from, mail.date
    # FROM mail
    #     INNER JOIN mail_attach ON (mail.id = mail_attach.mail_id)
    #     LEFT OUTER JOIN task ON (mail_attach.id = task.mail_attach_id)
    # WHERE (
    #     (
    #         mail_attach.id IS NOT NULL
    #         AND task.is_cancelled = 0
    #         AND task.id IS NOT NULL
    #         AND task.state = 4
```

```
#      ) OR (
#          mail_attach.id IS NOT NULL
#          AND task.id IS NULL
#      )
#   )
# ORDER BY mail.date;

    return unprocessed_qs, non_null_task_changed_by_names
```

上記のコードにたどり着くまでには、**Django ORMの2つのクセ**を理解して解決する必要がありました。万一Django ORMで表現できない場合でも、要件を満たすSQLが用意できてさえいれば、他のORMを使うかSQLを直接実行するという選択肢を選ぶこともできるでしょう。ただし、無理に1つのSQLにまとめようとして**スパゲッティクエリ**のアンチパターンに陥らないように気をつけましょう。いずれにしても、SQLの知識を身につけて効率の良い理想のSQLを書けるようになることが、開発を効率良く進める近道です。

COLUMN

▌Django ORMの2つのクセ

Django ORMはテーブルのJOINを自動的に行ってくれますが、多少クセがありときどき想像と違うSQLを生成します。

Django ORMでは、条件に`mailattach__task__status == 4`のように関連テーブルのカラムの値を指定できます。このような条件が複数あるときに、`qs.filter(条件1).filter(条件2)`のようにfilterメソッドをチェインさせると、余計なINNER JOINが発生します。改善前のコードに、`mail_attach`が2回JOINされ片方にはT3というエイリアスが指定されている例があります。この問題を回避するには、`qs.filter(条件1, 条件2)`のようにfilterメソッドの中でカンマ区切りで指定します。

また、関連テーブルをまたいだ条件指定を行うと、余計なOUTER JOINが発生する場合があります。コード中に余計なOUTER JOIN避けと記載したように、`mailattach__task__isnull=False`という条件を明示的に指定して解決できます。この指定がない場合、`mailattach__task__is_cancelled=False`という条件指定でDjango ORMが自動的に「JOINするTaskがない可能性を考慮」するため、INNER JOINではなくOUTER JOINを使ったSQLが生成されます。

このJOINの動作について、Django公式ドキュメントの次の節に解説があります。

・複数の値を持つリレーションの横断
https://docs.djangoproject.com/ja/2.2/topics/db/queries/#spanning-multi-valued-relationships

---

【関連】

・**60** Django ORMでどんなSQLが発行されているか気にしよう（P.138）

エラー設計

3.1

エラーハンドリング

≫63 臆さずにエラーを発生させる

例外を発生させたくない

先輩T ：この def validate(data): 関数の中で data.get('ids') っていうコードがたく
さんあるんだけど、フレームワークが data 辞書を用意して validate を呼んでくれ
るから、'ids' は必ずあるんじゃない？

後輩W ：ありますね。

先輩T ：じゃあどうして data['ids'] じゃなく data.get('ids') なの？

後輩W ：'ids' がない場合に例外を発生させないようにするためです。

先輩T ：？？？

後輩W ：validate に必ず 'ids' を持つ辞書を渡してくれるかわからないですよね。

先輩T ：それはフレームワークがよくわからないから過剰防衛してるだけでは。

　例外を発生させるのは悪、と考えて、関数に渡される値のさまざまなケースに対応して過剰実装してしまうと、実際にはあり得ない引数のためにコードが複雑化してしまいます。臆病になりすぎず、かつ問題の発生を見逃さないシンプルな方法があるでしょうか？

具体的な失敗

　以下のコードは、関数に渡される辞書オブジェクトの中身を心配しすぎています。

```python
def validate(data):
    """data['ids']を検査して、含まれる不正なidの一覧を返す
    """
    ids = data.get('ids')  # ここが問題
    err_ids = []
    for id in ids:
        if ...:  # idが不正かどうかをチェックする条件文
            err_ids.append(id)
    return err_ids
```

　辞書オブジェクトが「キーを持っているかどうかわからない」から data.get('ids') という
コードを書いたケースです。この予防措置によって、data.get('ids') で None が返される可能
性が生まれてしまっています。もし None が返された場合、その2行後の for id in ids で結局
エラーになってしまうため、この予防措置には意味がありません。それどころか、data.
get('ids') と書いたために、None が返された場合にどうすれば良いかを心配しながらその先の
コードを書かなければいけなくなってしまっています。

　では、このコードを以下のように修正するとどうでしょうか。None の心配をしなくて良いよう
に data.get('ids', []) というコードに修正しました。

```python
def validate(data):
    """data['ids']を検査して、含まれる不正なidの一覧を返す
    """
    ids = data.get('ids', [])  # 2行後で例外を上げないように、idsが無かったら空のリストを返す
    err_ids = []
    for id in ids:
        if ...:  # idが不正かどうかをチェックする条件文
            err_ids.append(id)
    return err_ids
```

　この修正はさらにやっかいな問題を引き起こしてしまいました。validate() の使い方を間違
えて 'ids' をキーに持たない辞書を渡した場合、この関数は常に err_ids = [] を返してしまい
ます。このため、validate() を利用した実装者が不正な id を検査しているつもりでも、実際に
は何も検査していないコードになってしまいます。

　こういったコードは、例外が発生する可能性を気にしすぎて例外を隠蔽してしまったため、**バ
グに早く気づく**ことができません。

ベストプラクティス

　例外を隠すのではなく、わかりやすい例外を早く上げるコードを書きましょう。

　辞書のキーがあってもなくても動作するコードを書くより、期待するデータが必ず渡される前
提でコードを書くとシンプルになります。もし呼び出し方を間違えた場合には、例外が発生する
ため問題に早く気づけます。

```python
def validate(data):
    """data['ids']を検査して、含まれる不正なidの一覧を返す

    dataの要素:
    * 'ids': intのリスト、必須
    """
    ids = data['ids']  # ここでエラーになるなら、validateを呼び出すコードに問題がある
    err_ids = []
```

```
    for id in ids:
        if ...:  # idが不正かどうかをチェックする条件文
            err_ids.append(id)
    return err_ids
```

　関数のdocstringには、期待するデータ形式の説明を書いておきます。引数に想定外のデータを渡されることがどうしても心配なら、関数の先頭で宣言的に`assert 'ids' in data`を書いて問題を検知できるようにしておけば良いでしょう。

　また、引数のルールを自分で決められる場合は、**12**「辞書でなくクラスを定義する」（P.32）も参照してください。

COLUMN

▋型ヒント

　Pythonの型ヒントを指定することで、引数に期待するデータをより明確にできます。
Python3.8以降であれば、以下のように辞書要素の型を指定できます。

```
from typing import TypedDict, List

class IdListDict(TypedDict):
    ids: List[int]

def validate(data: IdsDictType):
    """data['ids']を検査して、含まれる不正なidの一覧を返す

    dataの要素:
    * 'ids': intのリスト、必須
    """
```

　Python3.8未満でも、mypy_extensionsを使用して以下のように型を定義できます。

```
from mypy_extensions import TypedDict
IdListDict = TypedDict('IdListDict', {'ids': List[int]})
```

　TypedDictの詳細は、以下のURLを参照してください。

- Python公式ドキュメント
  https://docs.python.org/ja/3/library/typing.html#typing.TypedDict
- mypy公式ドキュメント
  https://mypy.readthedocs.io/en/latest/more_types.html#typeddict
- PEP-589 TypedDict仕様提案
  https://www.python.org/dev/peps/pep-0589/

≫64 例外を握り潰さない

■ ユーザーに例外を見せるのは絶対避けたい

先輩T ：ここの処理で例外をexceptしてreturn Noneしてるけど、そのまま例外起こした
　　　　 ほうがいいね。

後輩W ：なんでですか？

先輩T ：そもそもここの処理はファイルがあることが前提だから、想定外のことが起こった
　　　　 らそこでエラーになってプログラムは止まってほしい。

後輩W ：でもユーザーにエラーが見えちゃうじゃないですか。

先輩T ：ファイルがないままプログラムを継続しても、後続の読み込み処理で結局エラーに
　　　　 なるから、継続する意味がないんだよ。

後輩W ：たしかに継続することに意味がないですね。

先輩T ：しかも、下手に例外処理してるから、エラー原因がファイルがないためなのか、あ
　　　　 るけど空なのか、tracebackを読んでもわからないんだよ。

後輩W ：ほーん。

先輩T ：プログラムで想定外のことが起こったら、素直に例外を上げて終了してくれたほう
　　　　 がいい。すべての不測の事態に備えてコードを書くことはできないからね。

　これは「例外を発生させるのは悪、なぜならユーザーに見えてしまうからだ」という発想です。
確かに、ユーザーに例外の詳細を見せる必要はないかもしれません。しかし、例外の仕組みはプ
ログラミング言語に組み込まれている機能です。隠蔽するのではなく、活用しましょう。

具体的な失敗

　以下の例は、認証が必要なWeb APIにアクセスするコードですが、例外の発生を避けたために
本当の原因がわかりづらくなっています。

```python
import requests

def make_auth_header():
    try:
        s = get_secret_key()  # シークレットキーをファイルから読み込み
    except:
        return None
    return {'Authorization': s}

def call_remote_api():
    headers = make_auth_header()
    res = requests.get('http://example.com/remote/api', headers=headers)
    res.raise_for_status()  # ファイルがない場合、ここで認証エラーの例外が発生する
```

```
        return res.body
```

　`get_secret_key()`関数はシークレットキーが見つからない場合に例外を発生させる仕様だとします。しかし、このコードでは実際に例外が発生しても`make_auth_header()`関数内部で握りつぶしています。呼び出し元では、シークレットキーがあってもなくてもHTTPリクエストを実行されるように実装されていて、その結果、シークレットキーなしでHTTPリクエストを発行して、結局例外が発生してしまいます。ユーザーはWeb APIへの認証に失敗した、という例外を見ることになりますが、その原因がシークレットキーファイルを置き忘れたことによるものなのか、シークレットキーをファイルに書き間違えているのか、変数名の間違いによるものなのか判別できません。

　`make_auth_header()`のように、失敗時にはNoneを返す関数を使う場合、呼び出し元でも戻り値の検査が必要となります。上記コードはその処理も抜けていますが、そもそも`headers is None`をチェックさせるような`make_auth_header()`を実装するべきではありません。

ベストプラクティス

　想定外の例外を心配して握り潰すのはやめましょう。エラーが起きたとき問題をユーザーから隠すのではなく、簡単に正しい状態に復帰しやすいように適切な情報を提供してくれるシステムこそ「ユーザーにやさしいシステム」と言えます。想定される例外の処理は実装するべきですが、想定外のエラーを隠蔽してはいけません。

　システムが正常に動作する条件が整っていない状況で発生する例外をシステム例外と呼びます。「必須の設定ファイルを開発者が置き忘れ」たり「外部サービスの呼び出しがエラーになる」など、通常起こり得ない例外がこれにあたります。これに対して、認証キー間違いのような、アプリケーションを通常使っていて論理的に起こり得るエラーをアプリケーション例外と呼びます。他にも、「変数名間違い」や「APIパラメータ間違い」のようなプログラミング間違いによるエラーをプログラム例外と呼びます。

　この視点で前述のコードを分析すると、「ユーザーにやさしい」ことを目指してシステム例外を隠蔽したために、ユーザーが「認証エラー（アプリケーション例外）」という異なる種類の例外に遭遇してしまい、エラーの原因が非常にわかりづらくなっています。さらに、安易にtry/exceptによる例外の隠蔽処理を実装したために、システム例外、アプリケーション例外、プログラム例外をすべて隠蔽してしまっています。通常、「必須の設定ファイルを開発者が置き忘れる」ようなシステム例外を考慮する必要はありません。また、プログラム例外を隠蔽するべきではありません。

　エラー発生時に最もわかりやすい出力は、Pythonの開発者にとっては例外によるトレースバックでしょう。システム例外やプログラム例外が発生した場合は、即座にトレースバックを出力してプログラムをエラー終了させましょう。プロジェクトによっては、システム例外であっても「通信エラーやDISK書き込みエラーが頻発する環境でどうしても対処が必要」といった状況から自

動的に回復させる必要があるかもしれません。そのような場合でも、アプリケーション例外等の他の種類の例外とは分けて対処するように設計しましょう。

先ほどのコードを修正して、システム例外を処理しないコードに変更しました。

```python
import requests

def make_auth_header():
    s = get_secret_key()  # シークレットキーファイルがない場合、ここでFileNotFoundError⤵
例外が発生
    return {'Authorization': s}

def call_remote_api():
    headers = make_auth_header()
    res = requests.get('http://example.com/remote/api', headers=headers)
    res.raise_for_status()
    return res.body
```

get_secret_key()でエラーが発生した場合、開発者やユーザーは、例外のtracebackから「どこでエラーが起こったのか正確に場所がわかる」ため、対処しやすくなります。また、make_auth_header()関数は必ず辞書オブジェクトを返す仕様となったため、呼び出し元は戻り値がNoneになる可能性を考慮せずに済みます。

》65　try節は短く書く

▌大きいtry節は小さいtry節を兼ねる？

先輩T　：今朝言ってたバグの調査、けっこう手間取ってる？
後輩W　：すいません、どこで問題が出てるかまだわからなくて……。
先輩T　：どれどれ……うわ、try節長いなー。これだとどこでバグってるかわからなそうだ。
後輩W　：tryって長いとだめなんですか？
先輩T　：そうだねー、できるだけ短いほうがいいね。

例外の処理を書き慣れていないと、とても長いtry節を書いてしまいます。このとき、1つのexcept節ですべてのエラー処理をまとめてしまうと、どの行でどんなエラーが起きたかわからなくなってしまいます。

具体的な失敗

たとえば、以下のようなWebアプリケーションのフォームを処理するコードがあるとします。このコードは、エラーが発生した際に問題を切り分けられないというバグを含んでいます。

```python
def purchase_form_view(request):
    try:
        product = get_product_by_id(int(request.POST['product_id']))
        purchase_count = request.POST['purchase_count']
        if purchase_count <= product.stock.count:
            product.stock.count -= int(request.POST['purchase_count'])
            product.stock.save()
            return render(request, 'purchase/result.html', {
                'purchase': create_purchase(
                    product=product,
                    count=int(purchase_count),
                    amount_price=purchase_count * product.price,
                )
            })
    except:
        return render(request, 'error.html')  # エラーが発生しました、と表示
```

　このコードは、関数内のすべての処理をtry節に書き、except節ですべての例外を捕まえて、エラー処理をしています。ここで、Webアプリケーションの利用中に例外が発生しても、画面には「エラーが発生しました」とだけ表示されるため、ユーザーにも開発者にもエラーの原因はわかりません。エラーの原因の可能性として、ユーザーからのパラメータが想定外、他の処理でDBに保存したデータに問題がある、実装に変数名間違いなど単純なバグがある、ライブラリの更新で動作が変わった……など、多くの可能性があります。このため、開発者が原因を調べて不具合を解消するのにとても時間がかかってしまいます。

ベストプラクティス

　try節のコードはできるだけ短く、1つの目的に絞って処理を実装しましょう。

　try節に複数の処理を書いてしまうと、発生する例外の種類も比例して多くなっていき、except節でいろいろな例外処理が必要になってしまいます。次のコードは、try節の目的を絞ってそれぞれ個別の例外処理を行うことで、わかりやすいエラーメッセージをユーザーに伝えています。これによって、ユーザーが正しい状態に復帰できるようにしています。

```python
def purchase_form_view(request):
    # POSTパラメータ処理
    try:
        product_id = request.POST['product_id']
        purchase_count = request.POST['purchase_count']
    except KeyError as e:
        # 必要なデータがPOSTされていない
        return render(request, 'purchase/purchase.html', {'error': f'{e.args[0]}は必須
です'})

    try:
```

```
        purchase_count = int(purchase_count)
        if purchase_count <= 0:
            raise ValueError
    except ValueError:
        # POSTされたデータが不正
        return render(request, 'purchase/purchase.html', {'error': 'purchase_countは
不正な値です'})

    # 在庫確認
    try:
        product = get_product_by_id(product_id)
    except DoesNotExist:
        # 指定された商品が存在しない
        return render(request, 'purchase/purchase.html', {'error': '指定された商品が
見つかりません'})

    if purchase_count > product.stock.count:
        # 商品の在庫が不足
        return render(request, 'purchase/purchase.html', {'error': '商品の在庫が不足して
います'})

    # 購入の保存（実際にはトランザクション処理が必要）
    product.stock.count -= purchase_count
    product.stock.save()
    purchase = create_purchase(
        product=product,
        count=purchase_count,
        amount_price=purchase_count * product.price,
    )

    # 購入完了を表示
    return render(request, 'purchase/result.html', {'purchase': purchase})
```

　想定外の例外はexcept節で捕まえずに、そのまま関数の呼び出し元まで伝搬させましょう。そうすれば、ユーザー自身で正しい状態に直すことはできなくても、開発者に状況を伝えるのが簡単になります。

　ユーザーにやさしいエラー制御の考え方について、詳しくは『図解でなっとく！トラブル知らずのシステム設計 エラー制御・排他制御編』(野村総合研究所、エアーダイブ 著、日経BP社 刊、2018年3月）を参照してみてください。

COLUMN

▍POSTされたパラメータのバリデーション処理を分離する

　上記の例は何らかのWebアプリケーションフレームワーク（WAF）を使っているコードですが、DjangoなどのWAFであれば、パラメータのバリデーションを行う仕組みが提供されています。

　以下のコードは、フォーム画面からPOSTされたパラメータの検査をPurchaseFormに任せています。これによって雑多で定型的な検査処理を実装する必要がなくなり、価値ある機能の実装に集中でき、コードレビューも短時間で終えられるでしょう。

```python
def purchase_form_view(request):
    # パラメータバリデーション
    form = PurchaseForm(request.POST)
    if not form.is_valid():
        # エラーメッセージはformオブジェクトが持っているものを使う
        return render(request, 'purchase/purchase.html', {'form': form})

    product = form.cleaned_data['product']
    purchase_count = form.cleaned_data['purchase_count']

    # 在庫確認
    if purchase_count > product.stock.count:
        # 商品の在庫が不足
        return render(request, 'purchase/purchase.html', {'form': form, 'error': 
'商品の在庫が不足しています'})

    # 購入の保存（実際にはトランザクション処理が必要）
    product.stock.count -= purchase_count
    product.stock.save()
    purchase = create_purchase(
        product=product,
        count=purchase_count,
        amount_price=purchase_count * product.price,
    )

    # 購入完了を表示
    return render(request, 'purchase/result.html', {'purchase': purchase})
```

　PurchaseFormの検査処理は、django.forms.Formを使って以下のように宣言的に実装できます。

```python
class PurchaseForm(django.forms.Form):
    product = forms.IntegerField(label='商品')
    purchase_count = forms.IntegerField(label='個数', min_value=1, max_value=99)

    def clean_product(self):
        try:
            return Product.objects.get(pk=self.cleaned_data['product'])
        except Product.DoesNotExist:
            raise forms.ValidationError('指定された商品が見つかりません')
```

　このフォームクラスを使うことで、画面で入力された値が不正かどうかチェックし、適切な型へ変換します。また、適切なエラーメッセージもDjangoフレームワークが用意してくれ

るため、画面の実装も簡単になります。

　この例ではdjango.forms.Formを使いましたが、django.forms.ModelFormを利用すればさらに多くの処理をフレームワークに任せることができ、機能を増やしつつ実装を減らし、バグを減らすことができます。こうしてView関数の処理がシンプルになってくると「在庫処理がViewにあってよいのか」という、これまで検査処理の陰に隠れてしまっていた、より本質的な議論ができるようになるでしょう。

》66　専用の例外クラスでエラー原因を明示する

> プログラミング迷子

エラー理由がわからない

後輩W　：ユーザーから、メールがあるはずなのに表示されないっていう問い合わせが来てるんですが、いま別件対応中なので見てもらえますか？

先輩T　：いいよ。問い合わせにエラーメッセージとか書かれてた？

後輩W　：はい。「メールを受信できません」と表示されたみたいです。

　　　　　－10分後－

先輩T　：実装コードはすぐ見つかったけど、これじゃあ何が原因でエラーになったのかわからないぞ……。

```
mail = mail_service.get_newest_mail()
if isinstance(mail, str):
    return mail  # <-- 文字列のときは常に"メールを受信できません"だった（先輩T）
```

先輩T　：この実装、mail_service.get_newest_mail()で異常があったことはわかるんだけど、何が起きても「メールを受信できません」と返しているから異常の原因がわからないよ。原因にあわせて文面を変えるべきだし、異常時には例外を上げるべきじゃないかな？

後輩W　：そう思ったんですけど、ちょうど良い例外クラスがPythonになかったんです。

先輩T　：そういうときは、例外クラスを自分で定義して使えばいいよ。

　エラー発生時や期待どおりに動作しないときなどに、ユーザーから問い合わせを受けて調査を行うことがあります。このとき、画面表示にユーザー向けの情報が不足していると、調査が難しくなります。

具体的な失敗

　問題のあるコードは以下のように実装されています。

▶ リスト3.1　views.py

```python
from . import service

def get_newest_mail(user):
    """
    ユーザーのメールアドレスに届いている1時間以内の最新のメールを取得する
    """
    mail_service = service.get_mail_service()
    if not mail_service.login(user.email, user.email_password):
        return 'ログインできません'
    mail = mail_service.get_newest_mail()
    if isinstance(mail, str):
        return mail
    if mail.date < datetime.now() - timedelta(hours=1):
        return 'メールがありません'
    return mail

def newmail(request):
    mail = get_newest_mail(request.user)
    if isinstance(mail, str):
        return render(request, 'no-mail.html', context={'message': mail})
    context = {
        'from': mail.from_, 'to': mail.to,
        'date': mail.date, 'subject': mail.subject,
        'excerpt': mail.body[:100],
    }
    return render(request, 'new-mail.html', context=context)
```

　get_newest_mail関数やそこから呼び出しているmail_service.get_newest_mail()は、例外を握り潰してはいませんが、エラーが発生した場合に文字列を返してしまっています。このため、呼び出し元ではif isinstanceで文字列かどうかを判定して場合分けの処理が必要です。また、「文字列が返されたときは常にエラー」というわけでもなく、正常系と異常系の処理の見分けがつかない実装コードになっているため、コードを読み解くのが難しくなっています。

　ベストプラクティス

　専用の例外クラスを自作して、エラーを明示的に実装しましょう。

　発生するエラーの種類ごとに専用の例外クラスを定義して、それぞれ異なるエラーメッセージを表示するように実装します。また、各例外の親クラスを定義しておけば、例外処理を行うコードで同系統の例外をまとめて捕まえられるため、簡潔でわかりやすい実装になります。前述のコード用に例外クラスを実装すると、以下のようになります。

▶ リスト3.2　exceptions.py

```python
class MailReceivingError(Exception):
```

```
    pretext = ''
    def __init__(self, message, *args):
        if self.pretext:
            message = f"{self.pretext}: {message}"
        super().__init__(message, *args)

class MailConnectionError(MailReceivingError):
    pretext = '接続エラー '

class MailAuthError(MailReceivingError):
    pretext = '認証エラー '

class MailHeaderError(MailReceivingError):
    pretext = 'メールヘッダーエラー '
```

このように実装した例外クラスは、以下のように動作します。

```
>>> e = MailHeaderError('Dateのフォーマットが不正です')
>>> str(e)
'メールヘッダーエラー : Dateのフォーマットが不正です'
>>> raise e
Traceback (most recent call last):
  File "<stdin>", line 1, in <module>
exceptions.MailHeaderError: メールヘッダーエラー : Dateのフォーマットが不正です
```

　異常時には上記で定義した例外を上げるようにmail_serviceのメソッドを実装し直し、その前提で実装を修正したのが以下のコードです。専用の例外クラスを用いることで改善できた箇所にコメントを並記しています。

▶ **リスト3.3　views.py**

```
from . import service
from . import exceptions

def get_newest_mail(user):
    """
    ユーザーのメールアドレスに届いている1時間以内の最新のメールを取得する。
    直近1時間のメールがない場合、Noneを返す。
    """
    mail_service = service.get_mail_service()

    # MailConnectionError, MailAuthError 等が発生する可能性がある
    mail_service.login(user.email, user.email_password)

    # MailConnectionError, MailHeaderError 等が発生する可能性がある
    mail = mail_service.get_newest_mail()
```

```python
    if mail.date < datetime.now() - timedelta(hours=1):
        return None
    return mail


def newmail(request):
    try:
        mail = get_newest_mail(request.user)
    except exceptions.MailReceivingError as e:
        # ログにWARNINGレベルで例外発生時のトレースバックを出力
        logger.warning('Mail Receiving Error', exc_info=True)
        # 異常系専用のテンプレートを使って、発生したエラーのメッセージを画面表示
        return render(request, 'mail-receiving-error.html',
                      context={'message': str(e)})
    else:
        if mail is None:
            # 正常系のメッセージをわかりやすく表示
            return render(request, 'no-mail.html',
                          context={'message': '1時間以内のメールはありません'})

    context = {
        'from': mail.from_, 'to': mail.to,
        'date': mail.date, 'subject': mail.subject,
        'excerpt': mail.body[:100],
    }
    return render(request, 'new-mail.html', context=context)
```

　`except exceptions.MailReceivingError as e:`では自作した例外の基底クラスでexceptしているため、継承している3つの例外クラスどれでも捕まえられます。これで、ユーザーの画面にはエラーの原因を推測しやすいメッセージを表示して、ログには例外発生時のトレースバックを記録できます。Sentryを利用していれば、Sentry上で例外発生時の変数の値を確認できるため、問題の切り分けもスムーズに進みます（Sentryについて詳しくは**75**「Sentryでエラーログを通知／監視する」P.182参照）。コード上からは`if isinstance`のような場合分け処理がなくなり、異常系の処理はexcept節に集約されたため、とてもわかりやすくなりました。

［関連］

- **64**　例外を握り潰さない（P.157）
- **71**　info、errorだけでなくログレベルを使い分ける（P.174）

3.2

ロギング

≫67　トラブル解決に役立つログを出力しよう

■ログ出力は何のため？

後輩W：ログ出力って要りますか？

先輩T：要るね。ログ出力は開発者をトラブルから守ってくれる大事な武器だよ。

後輩W：そうなんですか。トラブルが起きてもログが役立ったことがなかったんで実感がないんですけど……。

先輩T：ん？　たとえばどんなログが出力されてたの？

後輩W：今運用しているシステムでは、ログファイルに処理の開始と終了を出力してます。でも、それを見ても「購入できない」という問い合わせの原因を調べる役には立ちませんでした。

先輩T：なるほど。それなら、「購入できない」状況を詳しくログ出力すれば良いんじゃないかな。

後輩W：稼働してるシステムにログ出力を追加するんですか？　予算がなくてできないって言われちゃいませんか？

先輩T：あとからでも追加したほうが良いね。そうしないと、トラブルのたびに問い合わせ対応や調査でお金も時間もかかっちゃうよ。

　ログ出力（ロギング）を実装しているかどうかで、システムの保守性やトラブルシューティングにかかる時間は格段に変わってきます。ただし、処理の開始と終了しかロギングしていなかったり、処理フローで重要な値をロギングしていないようでは、トラブルの解決にはほとんど役立ちません。トラブルシューティングに時間がかかれば、お金と時間を浪費するだけでなく、サービス自体の機会損失にもつながってしまいます。

具体的な失敗

　たとえば、以下のようなログ出力では困ります。

```
INFO：購入処理開始
```

```
INFO: 在庫確認API呼び出し
INFO: 在庫引き当てNG
INFO: 購入処理開始
INFO: 在庫確認API呼び出し
INFO: 在庫引き当てOK
INFO: 購入完了
```

　このログには各行の日時情報がなく、「誰がどの商品をいくつ購入しようとしているのか」といった購入処理フローの重要な値も出力されていません。「在庫引き当てNG」というログからは在庫不足のようにも見えますが、在庫確認API呼び出しでエラーが起きていてそのエラーが出力されていないのかもしれません。このようにログ出力が不足していると、トラブルシューティングに苦しむことになります。特に外部システムとの結合テストや本番リリース後の調査では、問題発生時に素早く、正確に状況を把握することが重要です。状況を正確に把握できなければ、エラー原因の可能性は無数にありえますし、解決までの暫定的な対策も検討できません。

ベストプラクティス

　トラブル解決に役立つログを出力しましょう。問題発生時に状況を正確に把握できるロギングを実装するには、ログ出力の内容からプログラムの動作を把握できるようにすることが大事です。状況を正確に把握できれば、どうやって問題を解決するかに集中できますし、根本解決に時間がかかるとしても暫定的な対策を検討できます。

　たとえば、以下のようなログ出力であれば、先ほどの例よりも状況が正確に把握できます。

```
[19/Jan/2020 07:38:41] INFO: user=1234 購入処理開始: 購入トランザクション=2345,
商品id 111(1個),222(2個)
[19/Jan/2020 07:38:41] INFO: user=1234 在庫引き当てAPI: POST /inventory/allocate params=...
[19/Jan/2020 07:38:42] INFO: user=1234 在庫引き当てAPI: status=200, body=""
[19/Jan/2020 07:38:42] ERROR: user=1234 在庫システムAPIでエラーのため、担当者へ連絡してください
Traceback (most recent call last):
  File "/var/www/hanbai/apps/inventry/service.py", line 162, in allocate
    return r.json()
  ...
  File "/usr/lib64/python3.6/json/decoder.py", line 357, in raw_decode
    raise JSONDecodeError("Expecting value", s, err.value) from None
json.decoder.JSONDecodeError: Expecting value: line 1 column 1 (char 0)
[19/Jan/2020 07:38:42] INFO: user=1234 購入NG status=500
[19/Jan/2020 07:40:07] INFO: user=5432 購入処理開始: 購入トランザクション=2346,
商品id 222(3個),333(1個)
[19/Jan/2020 07:40:07] INFO: user=5432 在庫引き当てAPI: POST /inventory/allocate params=...
[19/Jan/2020 07:40:08] INFO: user=5432 在庫引き当てAPI: status=200, body="{...}"
[19/Jan/2020 07:40:08] INFO: user=5432 在庫引き当てOK: 商品id 222(3個),333(1個)
[19/Jan/2020 07:40:09] INFO: user=5432 購入確定: 購入トランザクション=2346
[19/Jan/2020 07:40:10] INFO: user=5432 購入完了 status=200
```

　先ほどの例では、「どの処理で」しかログ出力されていないため、ユーザーから「購入できない」という問合せがあっても、ログからは問題を解決するための情報は得られません。処理が正常に進んでいる場合にも、「いつ」「誰が」「どの処理で」「何を」「いくつ」「どうしたのか」といった重要な情報をログ出力しましょう（**73**「ログには5W1Hを書く」P.177参照）。「在庫引き当てNG」のようなエラーケースでは、「なぜNGなのか」「何をするべきか」も重要な情報です。こういった情報を出力しておくことで、ユーザーから問い合わせがあったときログから状況を正確に把握できるようになります。

　エラー発生時には発生した問題の詳細を出力しましょう。Pythonの開発者にとって最もわかりやすいエラー出力は、例外によるトレースバックです。トレースバックがログ出力されるように、例外処理を実装しましょう（**63**「臆さずにエラーを発生させる」P.154、**64**「例外を握り潰さない」P.157参照）。単にトレースバックを出力するだけでなく、関連する変数値や外部API呼び出しパラメーターなど、プログラムがどのように動作したのか把握できる情報も出力しておくと、ログから多くのことが判断できます。

　素早く状況を把握するためには、そもそもログがどこに出力されるのか、ログを調査しやすい状態になっているかを確認しておきましょう。特に、本番環境と開発環境では出力されるログレベルが異なっている場合があるため、本番環境でログがどこにどんな内容で出力されているか確認しましょう（**68**「ログがどこに出ているか確認しよう」P.169参照）。

　また、ユーザーからの問い合わせがなくても問題発生を検知できるようになっていれば、より素早く対策を開始できます。そうすれば、問い合わせが来たときには原因の把握と対策の検討までで完了して、満足度の高い対応ができるようになります。危険度に応じたログレベル設定と、ログ監視による自動通知を組み合わせることで、自動検知できるようにしておきましょう（**71**「info、errorだけでなくログレベルを使い分ける」P.174、**75**「Sentryでエラーログを通知／監視する」P.182参照）。

　トラブル解決に役立つログを出力して、調査しやすいアプリケーション実装を目指しましょう。

≫**68**　ログがどこに出ているか確認しよう

　保守を引き継いだプロジェクトなどで、アプリケーションのログが全く出力されていない、といったことはありませんか？　利用者から「画面にエラーが発生しました、と表示されます」と連絡をもらい、調べてみたらログがどこにも出ていないということもよくある話です。ログが出力されていないのは論外ですが、実装者がログの重要性がわかっていないと、たびたびこういった問題が起こります。

具体的な失敗

　Djangoの場合、開発中は`manage.py runserver`でWebアプリケーションを実行します。Djangoのデフォルトの設定では、ページにアクセスするたびにコンソールにアクセスログが出力

されます。しかし「ログ出力を実装する」と言った場合、アクセスログのことではなく、明示的に実装したログのことを指すのが一般的です。アクセスログを見て「ログが出ている」と考えてはいけません。

```
$ python manage.py runserver
(中略)
Django version 3.0, using settings 'djangoapp.settings'
Starting development server at http://127.0.0.1:8000/
Quit the server with CONTROL-C.
[19/Dec/2019 04:38:41] "GET / HTTP/1.1" 200 16351
Not Found: /foo/bar
[19/Dec/2019 04:39:16] "GET /foo/bar HTTP/1.1" 404 1963
```

アクセスログ以外のログは、loggingモジュールを使って明示的に出力します。Djangoのsettings.LOGGINGを設定しない場合、デフォルトではWARNINGレベル以上のログのみが出力されます。このため、INFOレベルのログをいくら実装しても、ログは出力されません。本番ではINFOまで、検証環境ではDEBUGまで、というように環境によって出力するログレベルを指定する場合があるため、合わせて注意が必要です。

```
from logging import getLogger
logger = getLogger(__name__)

def some_view(request):
    logger.info('info')  # 出力されない
    logger.warning('warning')  # 出力される
    logger.error('error')  # 出力される
    return HttpResponse('Hello')
```

また、フォーマットも指定されていない状態では、ログのメッセージだけが出力されて、ログ出力された時刻やログレベルが不明です。最低限の設定として、ログレベルと時刻を出力するようにフォーマットをsettings.LOGGINGに設定する必要があります。設定していない場合、以下のようにwarningなどのログメッセージだけが出力されてしまいます。

```
$ python manage.py runserver
(中略)
Django version 3.0, using settings 'djangoapp.settings'
Starting development server at http://127.0.0.1:8000/
Quit the server with CONTROL-C.
[19/Dec/2019 04:38:41] "GET / HTTP/1.1" 200 16351
warning
error
[19/Dec/2019 04:57:13] "GET /test HTTP/1.1" 200 5
```

　開発環境では`manage.py runserver`を使って起動しましたが、本番環境ではGunicorn等のWebアプリケーションサーバーを使って起動します。このとき、Gunicornのデフォルト設定ではDjangoの標準出力を捨ててしまうため、Djangoがログを出してもどこにも記録されません。このため、Gunicornがログを捨てないように`--capture-output`オプションを指定するか、Django自体でファイル等に出力するように設定する必要があります。

［ ベストプラクティス ］

　ログがどこに出力されるのか、調査しやすい情報が出力されているか、早い段階で確認しておきましょう。そのために、以下の情報を確認しましょう。

- `settings.py`の`LOGGING`が設定されていること
- ファイルに出力する設定の場合、ログがファイルに記録されていること
- 標準出力に出力する設定の場合、Gunicorn等を起動しているサービスマネージャーのログに記録されていること
- 記録されているログに、ログレベルや時刻など期待する情報が出力されていること

　どのような情報がログに出力されていると良いのかについては、以降のプラクティスで説明します。また、サービスマネージャーについては**93**「サービスマネージャーでプロセスを管理する」（P.219）を参照してください。

［ 関連 ］

- **60**　Django ORMでどんなSQLが発行されているか気にしよう（P.138）
- **107**　リバースプロキシ（P.250）

≫**69**　ログメッセージをフォーマットしてロガーに渡さない

　Pythonではロギングの書き方に注意が必要です。ログメッセージをフォーマットしてからログに残していませんか？

［ 具体的な失敗 ］

```python
import logging

logger = logging.getLogger(__name__)


def main():
    items = load_items()
```

```
    logger.info(f"Number of Items: {len(items)}")
```

　ロガーにログメッセージを渡すときは、フォーマットしてはいけません。Pythonのf""を使って文字列をフォーマットするのは便利ですが、ロギングのときは使わないでください。

ベストプラクティス

　ログのフォーマットにするときは以下のように、フォーマットせずに使いましょう。

```
def main():
    items = load_items()
    logger.info("Number of Items: %s", len(items))
```

　フォーマットしてロガーに渡さない理由は、ログを運用する際にメッセージ単位で集約することがあるからです。たとえばSentryはログのメッセージ単位で集約して、同一の原因のログを集約、特定します。ここで事前にフォーマットしてしまうと、全く別々のログメッセージと判断されてしまいます。

　Pythonのロギングは内部的に「メッセージ」と「引数」を分けて管理しているので、分けたままログに残すべきです。logger.logの第一引数がメッセージ、以降はメッセージに渡される値になります。

　ログメッセージを読みやすく装飾したいときは、ロガーのFormatterに設定しましょう[1]。Formatterのstyle引数に指定するとフォーマットを指定できます。

　単にファイルに出力したり、画面に表示するだけなら事前にフォーマットしても問題はありません。ただし、あとでログを集約する仕組みを導入するときにすべて修正する必要が出てきます。あとから置き換えるのは面倒なので、最初から正しい使い方をしておいたほうが良いでしょう。

COLUMN

▌ログメッセージのフォーマット防止

　flake8-logging-format[2]というflake8のプラグインがあります。このプラグインをflake8で使うと、ログメッセージをフォーマットしている場合に検出してくれます。

関連

・**75** Sentryでエラーログを通知監視する（P.182）

※1　https://docs.python.org/ja/3/library/logging.html#logging.Formatter

※2　https://pypi.org/project/flake8-logging-format/

≫70 個別の名前でロガーを作らない

ロギングの設定が上手に書かれていないと、煩雑になりがちです。ここではロガーの効果的な設定方法を学びましょう。

具体的な失敗

```
logging.config.dictConfig({
    ...
    "loggers": {
        "product_detail_view": {},
        "product_edit_view": {},
        "import_products_command": {},
        "export_sales_command": {},
        "sync_ma_events": {},
        "sync_payment_events": {},
        ...
    }
})
```

この設定の場合、ロガーを1つ増やすたびにロギングの設定を足す必要があります。

ベストプラクティス

ロガーはモジュールパス__name__を使って取得しましょう。

```
import logging

logger = logging.getLogger(__name__)
```

こうするとロギングの設定はまとめて書けるようになります。

```
logging.config.dictConfig({
    ...
    "loggers": {
        "product.views": {},
        "product.management.commands": {},
    }
})
```

Pythonでは「.」区切りで「上位」（左側）のロガーが適応されます。ロガーの名前がproduct.views.apiのときはproduct.views.api、product.views、productと順にログの設定を探して、設定があれば使われます。

Pythonは__name__で現在のモジュールパスが取得できるので、product/views/api.pyと

いうファイルでは`product.views.api`になります。

　ロガーすべてに毎度名前をつけていると、ロガーごとに設定が必要になり面倒です。まとめて設定することで設定の数を減らせます。Pythonのモジュール名にすることでロガーの命名規則を考える必要もなくなります。

　上位のロガーに影響させない場合はpropagateをFalseにします。設定がない場合は常に上位のロガーにpropagate（伝播）していきます。

```
"loggers": {
    "product.views.api": {
        "propagate": False,
    }
}
```

　また全体のロガーに設定する場合はrootロガーに設定します。

```
{
    "root": {
        "level": "INFO",
        ...
    }
}
```

COLUMN

▌Logging Flow

　ログがロガーとハンドラーをどう流れるかを図示したLogging FlowがPython公式ドキュメントのLogging HOWTO[※3]にあります。

≫71　info、errorだけでなくログレベルを使い分ける

　ログを書くときに`logger.info`と`logger.error`以外を使っていますか？　ログレベルを使い分けることで、ログの集約と通知がより効果的に行えます。

具体的な失敗

```
import logging

logger = logging.getLogger(__name__)
```

※3　https://docs.python.org/ja/3/howto/logging.html#logging-flow

```
def main():
    ...
    for row in data:
        if not validate_product_data(...):
            logger.info("Skipped invalid sales data %s", row["id"])
        ...
```

この場合、商品のデータが不正な場合に`logger.info`でログ出力してしまっています。「エラーほどではない」という理由でインフォレベルのログにすると、何かしらのアクションが必要な場合でも気づけないことが多いでしょう。

ベストプラクティス

このようにエラーとも言い切れない場合は`logger.warning`レベルを使いましょう。

```
import logging

logger = logging.getLogger(__name__)

def main():
    ...
    for row in data:
        if not validate_product_data(...):
            logger.warning("Skipped invalid sales data %r", row["id"])
        ...
```

ログレベルを分けて出すようにプログラムしておくことで、ログの設定で制御がしやすくなります。エラーログの通知はチーム全員がすぐに気づけるように設定して、インフォログはファイルに残すだけ、などの制御をします。ログレベルの設定が良くないと「通知されるべきログが通知されない問題」や、「通知される必要のないログが大量に通知される問題」が起こります。

ではログレベルはどのように設定すべきでしょうか？　ログレベルは以下を参考にしてください。

- デバッグ（**debug**）：ローカル環境で開発するときだけ使う情報
- インフォ（**info**）：プログラムの状況や変数の内容、処理するデータ数など、あとから挙動を把握しやすくするために残す情報
- ワーニング（**warning**）：プログラムの処理は続いているが、何かしら良くないデータや通知すべきことについての情報
- エラー（**error**）：プログラム上の処理が中断したり、停止した場合の情報
- クリティカル（**critical**）：システム全体や連携システムに影響する重大な問題が発生した場合の情報

　ワーニングレベル以上は、運営側の「何かしらのアクション」が必要になります。エラーレベル以上の場合は急ぎでの対応が必要です。特に、本番環境の場合はログの通知を適切に設定しておきましょう。

- ローカル環境：デバッグログ以上をコンソール（画面）に出力する
- 動作確認用サーバー：インフォログ以上をファイルに出力する
- 本番サーバー：
  - インフォログをファイル出力して、ファイルストレージなどに転送、圧縮して保存する
  - ワーニングログをSentryに集約する
  - エラーログ以上をSentryに集約し、SentryからSlack（チャット）に通知する

　エラーログ以上はすぐにアクションが必要なので、Slack（チャット）に通知すると良いでしょう。ワーニングの場合は、運営のアクションは必要なもののあまり通知されてもやっかいなのでSentryに集約するだけにします。

　またワーニング以上ではアクションが必要になるので、以下3点のポイントを抑えておきましょう。

- 通知によってすぐに気づけるようにする
- エラー発生時の対応方法をドキュメントにまとめておく
- エラーを定期的に確認、対応する業務フローを決めておく

[関連]

- 75　Sentryでエラーログを通知監視する（P.182）

≫72　ログにはprintでなくloggerを使う

　とりあえずでprintを仕込んでデバッグしていませんか？　Pythonのロギングの仕組みを使ってより良い書き方を学びましょう。

[具体的な失敗]

```
def main():
    print("売上CSV取り込み処理を開始")
    sales_data = load_sales_csv():
    print(f"{len(sales_data)}件のデータを処理します")
```

　printでのデバッグやprintでの実行ログも悪くはありません。ですが、環境によって切り替え

ができない点が不便です。

ベストプラクティス

ロギングを使うことで、より便利になります。

```
def main():
    logger.info("売上CSV取り込み処理を開始")
    sales_data = load_sales_csv():
    logger.info("%s件のデータを処理します", len(sales_data))
    ...
```

　ロギングを使えば、表示をやめたり、ファイルに出力したり、ログを残した日時を残したりできます。デバッグの場合に必要な情報であればlogger.debugとしておけば良いです。よくprintデバッグする処理があるなら、logger.debugで残しておくほうが良いでしょう。デバッグログであれば他の人がデバッグしたい場合にも助けになるからです。

≫73　ログには5W1Hを書く

プログラミング迷子

■ どんな情報が必要かを知らず「とりあえず」で書かれてしまうログ出力

後輩W ：どこまで処理が実行されたかをログに残すように、って言われたんですけど、とりあえず関数の開始と終了をログに出したら良いですか？

先輩T ：うーん。関数の呼び出しだけわかっても、知りたいことはわからないよ。5W1Hを書くようにしよう。

　「ログに何を書くべきか」は、ロギングにおいて一番難しく、一番大切なことです。次のエラーログの問題を考えましょう。

具体的な失敗

```
def main():
    logger.info("取り込み開始")

    sales_data = load_sales_csv()
    logger.info("CSV読み込み済み")

    for code, sales_rows in sales_data:
        logger.info("取り込み中")
        try:
            for row in sales:
```

```
                # 1行1行、データを処理する
                ...
        except:
            logger.error("エラー発生")

    logger.info("取り込み処理終了")
```

このロギングでは、実際にエラーが発生したときに原因の特定は難しいでしょう。ログが開始と終了しか残っておらず、処理全体でエラー処理がされているからです。

ベストプラクティス

特に長時間実行されるコマンドや、夜間実行されるバッチ処理は細かめにログを残すべきです。エラーがあった際に原因の特定が格段にやりやすくなります。

```
def main():
    try:
        logger.info("売上CSV取り込み処理開始")

        sales_data = load_sales_csv()
        logger.info("売上CSV読み込み済み")

        for code, sales_rows in sales_data:
            logger.info("取り込み開始 - 店舗コード: %s, データ件数: %s", code, 🔁
len(sales_rows))
            try:
                for i, row in enumerate(sales_rows, start=1):
                    logger.debug("取り込み処理中 - 店舗(%s): %s行目", code, i)
                    ...
            except Exception as exc:
                logger.warning("取り込み時エラー - 店舗(%s) %s行目: エラー %s", code, 🔁
i, exc, exc_info=True)
                continue
            logger.info("取り込み正常終了 - 店舗コード: %s", code)

        logger.info("売上CSV取り込み処理終了")
    except Exception as exc:
        logger.error("売上CSV取り込み処理で予期しないエラー発生: エラー %s", exc, 🔁
exc_info=True)
```

細かくログを残すように変更していますが、重要なバッチ処理であればこの程度は必要です。各店舗の処理毎にインフォログを（店舗コード付きで）残したり、行単位のログをワーニングログとして残すなどの工夫に注目してください。処理のトレーサビリティを常に意識しましょう。

ログメッセージに何を書けば良いかわからないときは、次のような5W1Hを意識しましょう。

- ・What：どの処理を、何を対象に行なっているのか
  - ・対象データはどれなのか（今回は店舗コード）
  - ・何行目を処理しているのか、何行目で問題があったのか
- ・Who：どのユーザーが対象なのか
- ・When：いつのログなのか
  - ・ロガーの設定で日時を出力するよう設定しておくと良い
- ・Where：どこまで処理が進んだのか、どこで発生しているログなのか、どの処理なのか
  - ・バッチ処理がどこまで進んだのか
  - ・ロガー名をPythonモジュールのパスにして、どのモジュールで発生したかログかわかるようにする
  - ・エラーログの文字列でどの処理かをわかるようにする（ログメッセージからコードの箇所が一意にわかるようにする）
- ・Why：なぜ発生したログなのか
  - ・エラーログを残すときに、エラーのメッセージやexc_infoを残すようにする
  - ・exc_info=Trueを指定するとエラー時のトレースバックがログに出力される
- ・HowMuch：どれくらいのデータ量なのか
  - ・店舗ごとの売上件数が何件なのか

　たとえば「読み込み対象のデータ件数が0件」というログが続いていれば、読み込み処理に問題があると特定できます。コマンドやバッチ処理の場合は「今何が起こっているか」「何が起こっていたか」を、ログ以外で知ることはできません。

　ログは開発時でなく運用時に重要になります。運用時にはなるべく速く問題の原因を特定し、リカバリーする必要があります。運用時ということはプログラムがお客様に何かしらのサービスを提供している状態のはずです。それが長時間停止することは、サービスにとって大きな損害が生まれたり、お客様に長時間ご迷惑をかけることになります。

　運用時のことを考えて「どんな情報が必要か」を考えましょう。5W1Hを意識して、運用時に必要なログを想定します。どのような問題が発生する可能性があるのかを洗い出し、可能な限り、障害解決に役立つログを出力しましょう。あとで「エラーやバグがあったときに役立つログがなかった」という経験が一番の糧になります。

　たとえば、以下のログは少なすぎます。

```
INFO: 購入処理開始
INFO: 購入完了
INFO: 購入処理開始
INFO: 購入完了
...
```

以下のようなログであれば「処理がどのように進んでいるか」がよりわかります。

```
INFO: 購入処理開始 user=1234
INFO: 在庫引き当てOK: 商品id 222(3個),333(1個)
INFO: 購入確定: 購入トランザクション=9999
INFO: 購入完了 status=200
```

しかし同時に実行される処理の場合、複数のログが混ざって判別がつかなくなります。

```
INFO: 購入処理開始 user=1234
INFO: 購入処理開始 user=5432
INFO: 在庫引き当てOK: 商品id 222(3個),333(1個)
INFO: 購入確定: 購入トランザクション=9999
INFO: 在庫引き当てNG: 商品id 111(1個),222(2個)
INFO: 購入NG status=409
INFO: 購入完了 status=200
```

その場合は同時実行されていても判別が可能なように、処理プロセスごとに見分けられる情報を出力します。

```
INFO: 売上CSV=20191105.csv user=1234 購入処理開始
INFO: 売上CSV=20180701.csv user=5432 購入処理開始
INFO: 売上CSV=20180701.csv user=5432 在庫引き当てOK: 商品id 222(3個),333(1個)
INFO: 売上CSV=20180701.csv user=5432 購入確定: 購入トランザクション=9999
INFO: 売上CSV=20191105.csv user=1234 在庫引き当てNG: 商品id 111(1個),222(2個)
INFO: 売上CSV=20191105.csv user=1234 購入NG status=409
INFO: 売上CSV=20180701.csv user=5432 購入完了 status=200
```

　ログファイルをあとでgrepしたときに目的のログだけ取り出せるように意識しましょう。重要なバッチ処理などであれば、処理ごとに「トランザクションID」を発行して、ログの先頭に常につけると、あとで問題の追跡調査がしやすくなります（トランザクションIDはデータベースで管理せずとも、処理の開始時に発行したUUIDなどを常にログ出力するようにしても良いです）。

≫74　ログファイルを管理する

　自分が担当するシステムで障害やエラーが発生したときにどこのログを調査したら良いかわからないといった経験はありませんか？　ログファイルと一口に言っても、システムが扱うログファイルにはいろんな種類があります。

　Webアプリケーションをサーバーまで含めて自分で管理した場合、パッと思いつくだけでも以下のようなログファイルがあるでしょう。

- NginxやApacheなどのWebサーバーのアクセスログ、エラーログ
- Webアプリケーションのログファイル、エラーログ
- systemdなどで稼働している各種サービス、ミドルウェアのログ

システムが吐き出すログファイルにどのようなものがあるか把握することは、管理、運用するためにも大切です。

(ベストプラクティス)

Webアプリケーションの運用では、障害やエラーが発生したときにログを調査します。そのため障害時にも慌てないように、ログファイルがどのように管理されているのか把握しておきましょう。

Unix系のOSでは/var/log以下に各種ミドルウェアのログを吐き出すのが慣習となっています。たとえばNginxのデフォルトの設定ファイルでも下記のように、アクセスログと、エラーログを/var/log以下に残すようになっています。特に制約がなければ、OS標準のログ出力場所にログを出力しましょう。

```
http {
    ...
    access_log /var/log/nginx/access.log;
    error_log /var/log/nginx/error.log;
    ...
}
```

DjangoなどのWebフレームワークではロギングの設定ができるようになっています。以下の設定では /path/to/django/debug.logというファイルに、デバッグレベル以上のログを出力しています。

```
LOGGING = {
    'version': 1,
    'disable_existing_loggers': False,
    'handlers': {
        'file': {
            'level': 'DEBUG',
            'class': 'logging.FileHandler',
            'filename': '/path/to/django/debug.log',
        },
    },
    'loggers': {
        'django': {
            'handlers': ['file'],
            'level': 'DEBUG',
            'propagate': True,
```

```
            },
        },
    }
```

　ログファイルをサーバーに蓄える場合、ログファイルの容量が大きくなるのでサーバーのディスク容量が一杯になる前に古いログデータは削除したり、ログを一定期間でまとめて圧縮する必要が出てきます。この作業のことをログローテーションと呼びます。ログローテーションのツールとして logrotate を使うと良いです。

　サーバーが複数台ある場合は、個別のサーバーにはログは残さずに集約したいケースがあります。そのようなときは fluentd や logstash などのログ集約ツールを使えば、手軽に共有ストレージなどにログを集約できます。万が一個別のサーバーがクラッシュしても共有ストレージにログが残っているので安心です。

　ログの中でもエラーログは、何かシステムに不具合があったときに真っ先に知りたい情報です。エラーログをすぐに把握するためには 75「Sentry でエラーログを通知／監視する」(P.182) で紹介する Setnry の導入を検討しましょう。

（関連）
・75　Sentry でエラーログを通知／監視する （P.182）

≫75　Sentry でエラーログを通知／監視する

　ログを収集したものの、大量のログから必要な情報を見つけられない、といったことはありませんか？

　あるいは、ログに ERROR が記録されたときに通知するように設定したために、大量の通知でメールボックスが埋め尽くされたことはありませんか？　Django にはエラー発生時に管理者にメール通知を行う機能がありますが、メールを送信しないシステムの場合は通知のためにメールサーバーを用意する必要があります。また、このエラー通知メールはエラー発生ごとに毎回送信されてしまうため、1,000 件のメールの中に非常に重要なエラー通知が 1 件紛れ込んだ場合に、その 1 通を見逃してしまうことがあります。

（ベストプラクティス）

　エラートラッキングサービスを使いましょう。

　Sentry[4] を利用すれば、連続する同じエラーをまとめて 1 回だけ通知してくれるため、障害が発生したときに必要な情報に素早く到達できます。また、Sentry サービスにはログだけでなく、エラー発生回数や頻度、ユーザーのブラウザ情報、ブラウザから POST されたデータ、発行され

※4　https://sentry.io/

たSQLなど、多くの情報が通知されます。こういった情報をSentryサービス上で参照できるため、状況を素早く把握でき、問題の切り分けがスムーズに進みます。特に、DBトランザクションを使用しているシステムでは、エラーでデータがロールバックされてしまうとデータベースやログにデータの状態が残らないため問題追跡が難しくなってしまいますが、Sentryを使用していれば、POSTデータと発行したSQLの記録から状況を再現することも可能です。

Sentryの設定によって、エラーレベル別に通知方法を変更することもできます。たとえば、WARNINGレベル以上の通知はGitHubのIssueを自動作成する、ERRORレベル以上はSlackに通知する、といった感じです。もし、通知が多すぎるのであれば、ログレベルを変更するべきでしょう。

SentryはPythonやDjangoだけでなく、多くの言語、ライブラリに対応しています。たとえば、Django、Celery、Vue.js、Amazon Lambda の通知を1つのSentryプロジェクトで受け取り、エラー情報を俯瞰して確認できます。このため、1つのプロジェクトが複数のスタックで実装されているなら、それぞれにエージェントライブラリをインストールしてまとめてエラー通知を把握できます。

Sentryのエラートラッキング機能は、アプリケーション開発時にも役立ちます。Sentryサービスには無料プランも提供されており、セットアップも手軽に行えるため、まずは使ってみるのが良いでしょう。

図3.1は、実際の開発中プロジェクトで発生したエラー通知をSentryの通知画面で確認したものです。WebリクエストのPOSTのパラメータ、リクエスト中に発行されたSQL、ログインユーザー情報、利用者のブラウザバージョンとOSの情報、サーバー名、Pythonバージョンなどが確認できます。例外発生時にはトレースバックと各コールスタックにおける変数の値も確認できます。

▶ **図3.1　Sentryの通知画面例**

　Sentryについて詳しく解説している書籍『エキスパートPythonプログラミング改訂2版』（Michal Jaworski、Tarek Ziade 著、稲田直哉、芝田将、渋川よしき、清水川貴之、森本哲也 訳、アスキードワンゴ 刊、2018年2月）の第6章も参考にしてください。

関連

- **69**　ログメッセージをフォーマットしてロガーに渡さない（P.171）
- **71**　info、errorだけでなくログレベルを使い分ける（P.174）
- **72**　ログにはprintでなくloggerを使う（P.176）

3.3

トラブルシューティング・デバッグ

≫76　シンプルに実装しパフォーマンスを計測して改善しよう

　コードの処理速度が予想以上に遅いことはよくあることです。**60**「Django ORMでどんなSQLが発行されているか気にしよう」(P.138) では、データ量に比例して遅くなる典型例をいくつか紹介しました。他にも、特定の2種類のリクエストを同時に受信したときだけ遅くなることもあり、原因を見つけるのがなかなか難しい問題です。

　パフォーマンスの問題が発生したとき、闇雲に当たりをつけてコードを書き換えて問題が解決することは、まずありません。運良く問題が解決できても、次に似たような問題が起きたときに解決できるかどうかは運次第となってしまいます。

　また、あらかじめ「ボトルネックが発生しないように実装する」のもオススメしません。ボトルネックが起こる場所を予測するのは難しく、机上では見つけづらいものです。実装時に局所的な数百ミリ秒の速度改善をしても、その改善が原因で別のボトルネックを産んでしまうことすらあります[5]。

ベストプラクティス

　シンプルに実装して、速度を計測して、ボトルネックを改善しましょう。

　計測した速度が想定範囲内であれば、多少遅くてもそれ以上改善するべきではありません。他の有意義なことに時間を使いましょう。

　速度を改善する必要がある場合、開発環境やより本番に近いデータを持つ検証環境などで実行時の情報を収集し、複数の仮説を立て、可能性を排除していく必要があります。Webアプリケーションの場合それ自体での処理の他、フロントのWebサーバーとデータベースでの処理のどこに時間がかかっているのかを見極める必要があり、これはログやリソース監視を調査することで切り分けできます。ボトルネックの見つけ方については、『Webエンジニアが知っておきたいインフラの基本』(馬場俊彰 著、マイナビ 刊、2014年12月) で詳しく解説されています。

　原因を切り分けた結果、Webアプリケーションにボトルネックがあるとわかったら、そこにフォーカスしてさらに情報を収集します。Djangoを使用している場合、1リクエスト中の実行時

※5　「早すぎる最適化は諸悪の根源である」『文芸的プログラミング』(ドナルド・E.クヌース 著、有沢誠 訳、ASCII 刊、1994年)

間を計測するためのプラグインがいくつか提供されています。

　Django Debug Toolbar[6]は、Djangoで開発したWebアプリケーションにツールバーを追加し、リクエスト時の内部状態を表示します。あるリクエストからレスポンスまでの処理別時間を確認したり、その中で実行されたSQLの発行回数や内容、かかった時間を確認できます。さらに、発行されたSQLをその場でEXPLAINしてデータベース上での実行コストを表示する機能などがあります。

▶ 図3.2　**Django Debug Toolbar**でCPU利用時間を確認

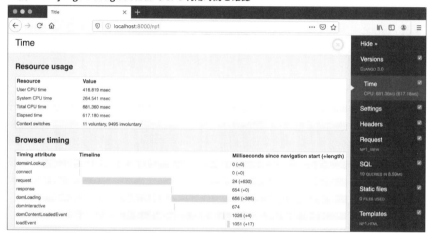

▶ 図3.3　**Django Debug Toolbar**でSQL発行状況を確認

※6　https://pypi.org/p/django-debug-toolbar

Debug Toolbarの設定手順は公式ドキュメント[7]に詳しく記載されています。フロントのWebサーバーを設置した環境や、Dockerや仮想マシンなどのリモートサーバーで実行している場合は、IPアドレスによるアクセス制御のためにツールバーが表示されません。このため、`INTERNAL_IPS`にアクセス元IPアドレスを設定するか、`DEBUG_TOOLBAR_CONFIG = {'SHOW_TOOLBAR_CALLBACK': lambda request: True}`を設定して常に表示するよう設定してください。

COLUMN

■ デバッグツール利用時のセキュリティーリスク

　インターネットに公開されている環境では、デバッグツールを安易に設定しないように注意しましょう。上記で紹介したような設定は、Debug Toolbarを無条件にWeb画面上に表示してしまいます。そのため、ツールバーを介してsettingsなどに含まれる秘密の情報が第三者に見られてしまう可能性があります。どうしても必要な場合は、サイトへのアクセスをアクセス元IPアドレスで制限するか、BASIC認証を設定するといった対策をしてください。

Django Debug ToolbarはDjangoで開発するうえで必須のツールですが、DjangoでWeb画面を提供せずAPIのみを実装する場合には、使用できません。そういった場合でも使える、DjangoでSQL発行状況を確認するdjango-silkというツールがあります。

django-silk[8]は、Djangoにインストールして使うプロファイリングツールです。HTTPリクエストそれぞれにおいて、SQLを何回発行したか、どのようなSQLが発行されているかを確認できます。非常に便利なツールなのですが、プロファイリングで収集したデータはDjangoのデータベースに保存されるため、使用中はデータベース容量をかなり圧迫します。自動的なガベージコレクト機能もありますが、データベースのトランザクションレベルによってはデッドロックの原因にもなってしまうため、注意が必要です。

▶ 図3.4 Silkによるリクエスト毎のパフォーマンス概要

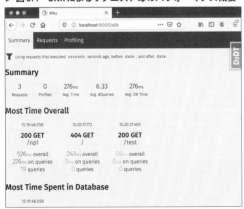

※7　https://django-debug-toolbar.readthedocs.io/en/latest/installation.html

※8　https://pypi.org/p/django-silk/

≫**77**　トランザクション内はなるべく短い時間で処理する

　Webアプリケーションの実装で、ブラウザからのリクエスト処理開始時にデータベースのトランザクションを開始してしまうと、さまざまな問題の原因となります。データベースのトランザクションは、何か問題があった場合に中途半端なデータ更新を行わないようにするために利用されます。

具体的な失敗

　たとえばWebで商品の購入しようとしたとき、内部で何かのエラーが発生して商品の購入が失敗したのに商品の出荷が始まってしまっては困ります。こういった場合、開始したトランザクションを確定せずにロールバックすることで問題を回避します。Djangoでは、トランザクションを開始する関数呼び出しを明示的に実装する方法と、viewの呼び出し時にトランザクションを自動的に開始する設定ATOMIC_REQUESTSがあります。

```
DATABASES = {
    'default': {
        'ENGINE': 'django.db.backends.mysql',
        ...
        'ATOMIC_REQUESTS': True,
    }
}
```

　ATOMIC_REQUESTSは便利な設定ですが、これを利用した状態では意図しないテーブルロックが発生することがあります。テーブルがロックされた場合、同時にアクセスしている他の処理ではそのテーブルの更新ができなくなり、ロック解除まで更新が待たされます。また、複数のトランザクション処理がテーブルのロックを奪い合う状況では、デッドロックによるエラーも発生します。

　このシステム障害は、アクセスが集中したり、負荷などによってリクエスト処理時間が長引くことでランダムに発生します。 しかし、開発中やシステム運用開始直後など、アクセス数が少なく負荷が低い状態ではほとんど発生しません。

COLUMN

■意図しないテーブルロック

　MySQLのトランザクション分離レベルはデフォルトでREPEATABLE READです。この設定でトランザクション中にUPDATEが空振りするとギャップロックが発生し、テーブルへの新規レコード追加ができなくなります。DjangoなどのORMを利用していると、モデルインスタンスの保存時に内部でUPDATEを発行するため、ギャップロックの原因になります。

　PostgreSQLではデフォルトがREAD COMMITTEDレベルです。READ COMMITTEDではトランザクション外でのレコード更新結果の参照が許容されるため、ギャップロックは発生しません。

ベストプラクティス

　トランザクション内で時間がかかる処理を行わないようにしましょう。具体的には以下の複数の観点で対策します。

- ・リクエスト全体をトランザクションとする場合、リクエスト処理にかかる時間を短くする
- ・トランザクション処理を自動にせず、必要最小限の範囲に明示的に設定する
- ・データベースのトランザクション分離レベルを設計時に選択する

　Webアプリケーションの実装では、リクエスト処理時間はそもそも短くするべきです。処理時間が短ければ前述のトラブルを避けられるだけでなく、ワーカープロセス占有によるリクエスト詰まりが起こりにくくなり、利用者から見た全体的な体感速度も向上します。そのため、リクエストの処理内で外部のWeb APIにアクセスしたり、ファイルをダウンロードしたりといった時間がかかる処理は非同期化しましょう。非同期化することで設計は多少複雑になってしまいますが、**ランダムに発生するシステム障害**という深刻な問題を回避できます。

　トランザクション処理の自動化はあまり期待せず、処理ごとに必要最小限の範囲で明示的に実装しましょう。商品を購入する処理であれば、在庫確認やクレジットカードの有効性確認などはトランザクション外で行い、商品購入を確定できる前提が揃って初めてトランザクションを開始します。このため、ATOMIC_REQUESTSなどによる自動設定は避けるべきです。どうしても使用する必要がある場合は、トランザクション分離レベルをREAD COMMITTEDレベル以下に設定することを検討してください。ただし、この変更によってデータ読み込みの信頼性が下がる可能性があることも考慮してください。

　トランザクションをどのように適用すれば良いかは、Webアプリケーションの目的によっても変わってきます。詳しくは『図解でなっとく！トラブル知らずのシステム設計 エラー制御・排他制御編』（野村総合研究所、エアーダイブ 著、日経BP社 刊、2018年3月）を参照してみてください。

関連

・91　時間のかかる処理は非同期化しよう （P.215）

≫78 ソースコードの更新が確実に動作に反映される工夫をしよう

　リリース作業中のトラブルシューティングなど、時間が限られている状況ではリリース先の環境を直接使って問題の原因を調査することがあります。リリース中に見つかった不具合をその場で修正するなどということは絶対に避けるべきですが、その環境でしか収集できない情報や、修正対応しなければロールバックすらできない状況もごく稀にあるものです。たとえば検証環境特

有のデータ不整合が原因と想定される場合、開発環境で問題を再現させるための情報などをその場で収集するため、Pythonコードを直接書き換えてデバッグログを追加したり、調査結果を元に確認のためにコードを書き換えたりします。しかし、追加したはずのデバッグログが出力されなかったらどうでしょう？　「ログを追加した関数には処理が来ていない」と考えるのではないでしょうか。

　このような現象に遭遇したときは、基本的なところで間違えている可能性があります。

- ・似た名前の別のファイルを編集している
- ・修正した .py ファイルよりもタイムスタンプが新しい、修正前の .pyc ファイルが使われている
- ・ファイルを修正したあとプロセスを再起動していない
- ・アクセスしているサーバーが異なる

　時間が限られている状況では、普段と異なる手順での作業を行うことによる緊張感もあり、ちょっとした見落としをしてしまったり、想定外の動作に惑わされたりします。

ベストプラクティス

　つまづかないための工夫をしましょう。

　目的とは別のファイルを編集してしまうことは意外とあります。安全のために対象ファイルをバックアップ目的で複製して、間違えて複製したほうを編集していることもあります。落ち着いて、現在編集しているファイルが想定どおりのパスのファイルかを確認しましょう。確認のために、ls -l でファイル名とタイムスタンプを確認したり、確実に実行されるはずの位置に print() を追加したりしてみると良いでしょう。

　正しい .py ファイルを編集しているのに実行結果が変わらない場合、.pyc が更新されていない可能性があります。これは、Pythonを使っていると数年に一度は遭遇する、よくある問題です。.pyc はソースコードを元に自動的に作られるバイトコードのキャッシュです。.py をインポートするとき、インポートごとに何度もバイトコードに変換することを避けるために作成され、タイムスタンプが .py ファイルよりも古いときに更新されます。しかし、デプロイ方法によっては .pyc ファイルのタイムスタンプが実際と異なってしまい、更新の仕組みがうまく働かないことがあります。このため、トラブルシューティング時だけでなく、通常のデプロイによるソースコード更新時にも、新しいコードではなく古いバイトコードで実行されてしまうこともあります。

　問題を解決するには、.pyc ファイルを削除してから再実行しましょう。しかしそもそもバイトコードのキャッシュを保存しなければこの問題は起こりません。そこで、環境変数 PYTHON DONTWRITEBYTECODE を設定して .pyc を作らないようにしましょう。バイトコード変換は1つのPythonプロセス上で1回しか行われないため、2回目以降のインポート時にはバイトコード変換のオーバーヘッドはありません。システムの起動時に毎回バイトコード変換が行われるため、起動時間が長引く可能性はあります。しかし、コード量がよほど多い場合以外、起動時間はそれほど問題にはならないでしょう。

システム設計

4.1

プロジェクト構成

≫79　本番環境はシンプルな仕組みで構築する

■ 多機能なツールを選んでおけば安心？

後輩W　：Pythonの環境作るときって、pyenv[※1]とpipenv[※2]のどっちを使ったらいいんですかね？

先輩T　：お、その2択なんだ？　pyenvやpipenvが必要だと思ったのは何で？

後輩W　：Pythonの環境構築で調べたら、pyenvとpipenvがたくさん見つかったので。

先輩T　：なるほど。でも個人環境はともかく、本番環境でpyenvやpipenvを使うのは避けたほうが良いんじゃないかな。

後輩W　：えっ、全部の環境で同じツールが使えたほうが楽じゃないですか。

先輩T　：なるほど。多機能なツールはどんな問題も解決できる気がしてくるけど、ちょっとそれぞれの目的を考えてみようか。

　OSの種類、Pythonの種類、Pythonのインストール方法、ライブラリのインストール方法など、Pythonを使えるように環境構築する組合せは無数にあります。そのため、選択に迷うこともあるでしょう。

　選び方として良くないのは、組合せのどれかを使い慣れている、知っているから、という理由ですべての環境でツールを固定してしまうことです。個人の開発環境で使い慣れたものが本番環境に適しているとは限りませんし、多機能なら良いわけでもありません。逆に、機能を制約しすぎると個人の環境が使いにくくなってしまい、開発効率に影響することもあります。

　便利さを高めると、シンプルから遠ざかっていきます。pyenv、pipenv、virtualenvwrapper[※3]、poetry[※4]などが提供する機能が便利でも、便利な機能のために仕組みは複雑化していきます。本番環境を複雑な仕組みで構築してしまうと、トラブル解決にその分時間がかかってしまいます。便利な機能が本番環境にも必要かどうか、シンプルな代替手段がないかはよく検討しましょう。

※1　https://github.com/pyenv/pyenv

※2　https://pipenv.kennethreitz.org/

※3　https://virtualenvwrapper.readthedocs.io/

※4　https://python-poetry.org/

ベストプラクティス

　本番環境は、機能をシンプルに保ち、必要最小限の仕組みで揃えましょう。本番環境にたくさんの機能を持たせると問題発生時の切り分けが難しくなり、セキュリティー上の心配も増えていきます。

　このとき、個人環境と本番環境を統一することに固執してはいけません。本番環境や個人環境の目的に合わせて、それぞれ最適な方法を選択しましょう。

　Webアプリケーションの本番環境で使われる、代表的な組合せを2つ紹介します。

- OSが提供するPython＋venv＋pip
- 公式Dockerイメージ＋pip

　これらは、**それぞれが単機能で仕組みの理解が簡単**で、**セキュリティー更新が適用しやすい**組合せです。

　仕組みを理解することは、トラブルが発生した場合に短時間で問題を解決するために必要です。個人の環境であれば再インストールで解決できるかもしれませんが、本番環境ではサービスが長時間停止したまま復旧に時間がかかる、といったことになりかねません。単機能であることで、想定外の余計なトラブルを避けられます。もし何かトラブルに遭遇しても、問題の切り分けがしやすい組合せです。

　セキュリティー更新を適用しやすいことも、本番環境では重要になります。OS、ミドルウェア、Python、といった基盤レイヤーに何か重大なセキュリティー問題が発覚したとき、セキュリティー更新の適用による影響を最小限にしつつ、素早く適用する必要があります。

COLUMN

▍Pythonのバージョンを合わせる

　Pythonはバージョンの3桁目が上がっても基本的に機能追加は行われません。たとえば、3.7.5から3.7.6へのバージョンアップでは、セキュリティー更新とバグ修正が行われました。Python2.7系だけは例外で、Python3系に移行しやすくするための機能が随時追加されています[5]。

　各個人の開発環境では、最低限、Pythonバージョンの2桁目までは合わせておきましょう。そうすることで、新しい文法や標準ライブラリなどの差異で開発中に混乱するのを避けられます。

　アプリケーションの結合テストなどは、本番環境と完全に同じOS、同じバージョンで実施しましょう。本番より新しいバージョンでテストしてしまうと、テストをすべてパスしたのに本番で不具合が出てしまう可能性があります。

※5　2.7系は2020年1月1日にサポートが終了し、それまでに見つかった不具合に対応した2.7.18が2020年4月にリリースされます。

≫80　OSが提供するPythonを使う

OSが提供するPythonを利用するメリット、デメリットは以下のとおりです。

- ○ セキュリティー更新情報が発信されている
- ○ セキュリティー更新があることがaptやyumコマンドでわかるようになっている
- ○ 更新の適用と互換性の確認コストが低い。更新パッチが配布されていて、互換性が維持される
- × Pythonの最新バージョンを使用できない

【 ベストプラクティス 】

　OSが提供するPythonを使って、運用コストを下げつつ、セキュリティー更新していきましょう。Ubuntuであれば、aptでインストールできる公式のPythonを、RedHat Enterprise Linux（RHEL）であれば、yumやdnfでインストールできる公式のPythonを選択します。

　OSが提供するPythonを利用していれば、ディストリビューターが提供するセキュリティー更新パッチを利用できます。ほとんどのディストリビューションはセキュリティー更新情報を発信しています。パッチは少ない手順で適用でき、パッチを適用しても通常は互換性が維持されるため、多くの場合はアプリケーションの再テストなどが不要です。

　デメリットは、Pythonの最新バージョンを選択できないことです。これは、OSディストリビューターが公式で配布するパッケージのバージョンを選択してから、そのOSがリリースされるまでに十分な時間が必要なためです。Ubuntu 18.04は2018年4月にリリースされ、サポートするPython3は3.6.3と3.7.0a2（どちらも2017年10月リリース）でした。その後のアップデートで、それぞれ3.6.7、3.7.3まで更新されています（2019年12月時点）。RHEL 8.0は2019年11月にリリースされ、サポートするPython3は3.6.8（2018年12月リリース）です。3.7系は提供されていません。

　最新のPythonを利用できませんが、これ自体は大きなデメリットではないかもしれません。Python3.7で追加された文法やライブラリが必須でなければ、3.6系で十分でしょう。

COLUMN

▌Ubuntu公式Pythonの注意点

　Ubuntu18.04は、Python本体と同様にpipも提供しています。Python公式が提供するpipは、pipだけをバージョンアップできるように「デフォルトでインストールされる外部パッケージ」という構成で提供されています。Ubuntuでは、「デフォルトでインストールしない外部パッケージ」として提供しているため、少しややこしい状態になりがちです。そのため、次のような対応をとる必要があります。

- ・Ubuntuでpipを使うためには、**python3-pip**もインストールする
- ・Python公式がアナウンスしている手順でpipのバージョンを更新しない（Ubuntuで

パッケージ管理されているファイルを書き換えてしまうため）
- pipの最新版を使いたい場合は、**venv**等でPythonを仮想化して、その中のpipを最新にする

≫81　OS標準以外のPythonを使う

OS標準以外のPythonを利用するメリット、デメリットは以下のとおりです。

○　Pythonの好きなバージョン、配布元を選べる

△　セキュリティー更新の確認は独自に行う

×　再インストールと動作確認が必要なため、更新の適用と互換性の確認コストが高い

[ベストプラクティス]

使用したいPythonバージョンがOSで提供されていない場合は、OS標準以外のPythonを選択します。ただし、デメリットに注意してください。Pythonをソースコードからインストールする場合、Pythonのバージョンを自由に選べます。たとえば、Python3.8.1（2019年12月リリース）を選択したり、Python公式やOS標準以外の、Anaconda Python[6]、Intel Python[7]などを選択できます。

Anacondaやpyenvなど、一部のPythonではPythonバージョンそのものを切り替える機能が提供されています。個人の開発環境では、開発のしやすさや複数プロジェクトでの環境切り替えが必須なため、こういったPythonバージョン切替が便利なこともあります。しかし、本番環境ではPythonバージョン切替の便利な仕組みは不要なので、バージョンを変更できることはメリットになりません。

OS標準以外のPythonの場合、セキュリティー更新のためにはPythonの再インストールなど、インストール方法に合わせて対応が必要になります。これは、pyenvなど内部でソースからビルドしてインストールしている場合も同様です。セキュリティー更新のチェックについては、OS提供のPythonと同様に発信された情報を見ておけば良いでしょう。しかし、互換性が保たれているか、インストールをどのように行うか、といった作業は、手順を確立して実施する必要があります。また、アプリケーションのテストについても、OSが提供するパッチの適用時よりは慎重に行うべきです。

≫82　Docker公式のPythonを使う

Docker公式のPythonを利用するメリット、デメリットは以下のとおりです。

※6　https://www.anaconda.com/

※7　https://software.intel.com/en-us/distribution-for-python

- ◯ Pythonの好きなバージョンを選べる（2016年以降のすべてのバージョンが提供されている）
- △ セキュリティー更新の確認は各自で行う
- △ 更新の適用と互換性の確認コストが低〜中程度。コンテナの入れ替え、差分の影響確認が必要

ベストプラクティス

　Docker公式のPythonを使って、運用コストを下げつつ、セキュリティー更新していきましょう。Docker公式のDockerHub[8]にPythonのDocker Imageがあります。DockerHubでは、最新のPython3.8.1（2019年12月リリース）を含む多くのバージョンを選択できます。2015年以前の古いPythonバージョンの多くは提供されていませんが、Dockerでそれだけ古いバージョンを運用することは稀でしょう。

　このDocker公式のPythonイメージは、最新バージョンやセキュリティー更新が早く提供されます。Dockerイメージの入れ替え自体が簡単なため、Pythonのバージョン更新も比較的簡単に行えます。パッチバージョンの更新であれば互換性は維持されていると考えて良いですが、念のため更新差分を確認しておくと良いでしょう。

　しかし、バージョンアップにかかる全体のコストは他の方法に比べて低いと言えます。コンテナ自体に必要最小限のプログラム、ライブラリしか含まれていないDocker Imageを選択すれば、余計なセキュリティー更新の影響を受けづらく、更新コストは低く抑えられます。

≫83　Pythonの仮想環境を使う

　Pythonの仮想環境を利用するメリット、デメリットは以下のとおりです。

- ◯ 仮想化した環境にインストールするため、OSのPythonを変更せずに済む
- ◯ 仮想化した環境の作り直しは、簡単に行える
- ✕ Dockerコンテナを利用する場合は、仮想化が二重化されてしまうため冗長

ベストプラクティス

　Pythonの仮想環境を使って、プログラムの実行環境をPython本体から切り離しましょう。Pythonの仮想環境は、Pythonライブラリのインストールを独立した環境に閉じ込めて、ライブラリバージョンの競合を避けて、環境の再構築をしやすくする技術です。Python3標準ライブラリのvenvをはじめ、virtualenv、pyenv、condaなどがこの機能を提供しています。また、pipenvやpoetryなど、内部でvenvを利用して仮想環境を提供するツールがあります。

　仮想化をせず、OSにインストールしたPythonに追加のライブラリを直接インストールしてしまうと、ライブラリのバージョンアップで古いファイルや不要な依存ライブラリが残り続け、そ

※8　https://hub.docker.com/_/python

れが必要かどうか誰にもわからなくなります。そして、インストール前の状態に戻すためには、OSのインストールからやり直したほうが早い、ということもありえます。Pythonの仮想環境を利用すれば、ライブラリのバージョンアップで古いライブラリを入れ替えたり、何かの理由で環境が壊れてプログラムが正常に動作しなくなった場合などに、簡単に環境を作り直せます。

　Docker等のコンテナを使っている場合、基本的にPythonの仮想環境は不要です。コンテナは「独立した環境」を提供しており、コンテナの内容を変更する場合は毎回「OSまるごと入れ替える」ようなものです。このため、環境を隔離し、作り直しやすくするというPythonの仮想環境のメリットは既に実現されています。このように、組合せによってはベストプラクティスがベストではなくなることもあるため、盲信せず、メリットをよく確認しましょう。

≫ 84 リポジトリのルートディレクトリはシンプルに構成する

> **プログラミング迷子**
>
> ▌**リポジトリルートにファイルがたくさんありすぎる**
>
> 後輩W ：先輩、引き継いだプロジェクトのリポジトリなんですけど、ルートディレクトリにファイルがありすぎて何から手をつけて良いかわからないんです。
> 先輩T ：READMEファイルはある？　あればそこに説明が書いてあるんじゃない？
> 後輩W ：READMEにはファイルの説明は書いてなくて、sshの秘密鍵の作り方と、Vagrant[9]とDocker[10]のインストール方法が書いてありました。
> 先輩T ：まじか……。それで、ルートディレクトリにはどんなファイルとディレクトリがあるの？

　リポジトリのルートディレクトリは油断すると多くのファイルが置かれてしまいます。特に最近では、多くのツールやサービスがリポジトリのルートディレクトリにある特定のファイル名で動作を設定できるようになっているため、ルートディレクトリは何でも置き場になってしまう傾向があります。

具体的な失敗

　リポジトリルートに以下のようなファイルやディレクトリがあるとそれぞれの用途を短時間で把握するのは難しいでしょう。

.circleci/	config/	manage.py

※9　https://www.vagrantup.com/

※10　https://www.docker.com/

CHANGELOG.md	deploy.md	package-lock.json
Makefile	deployment/	package.json
Pipfile	docker/	pull_request_template.md
Pipfile.lock	docker-compose.local.yml	static/
README.md	docker-compose.yml	templates/
Vagrantfile	file/	test.md
accounts/	front/	tests/
api/	help/	tox.ini
batch/	issue_template.md	
changelog/	log/	

　このリポジトリルートは、いろいろな目的のファイルが全部入り状態になってしまっているため、扱いにくい状態です。 この状態でファイル構成の説明をREADMEに書いても、焼け石に水です。一度このような状態になってしまうと変更の影響範囲が予想できないため、構造の整理整頓に手間がかかります。 たとえば、リポジトリルートにDjangoのプロジェクトルートとJavaScriptフロントエンドのファイルが直接置かれているようですが、これをサブディレクトリに移動した場合にVagrant、Docker、デプロイスクリプト、ユニットテスト実行、CI設定などに影響がありそうです。 今後も開発を続けていくためには手間がかかっても整理し直すべきです。開発の片手間ではなく、時間を取って一気に整理整頓をするのが良いでしょう。

ベストプラクティス

　リポジトリのルートディレクトリには、リポジトリの主目的に合った、見た人に注目してほしいファイルやディレクトリだけを置きましょう。たとえば、リポジトリの主目的がPyPIに公開するPythonのパッケージであれば、READMEとLICENSEの他に、パッケージングに必須となるsetup.pyやpyproject.tomlなどの設定ファイルを置くのが一般的です。こういったファイルがルートディレクトリにあれば、リポジトリを見た人はREADMEを詳しく読まなくてもリポジトリの目的を把握できます。

　ファイルなどを新たに追加するときは、主目的に合っているのか、合っていないならルートディレクトリ以外に置けないかを検討しましょう。 .circleci/ディレクトリのようにサービスによって置き場所を指定されているファイルやディレクトリもありますが、それ以外は可能な限りサブディレクトリに移動しましょう。この際にルートディレクトリにある他のファイルやディレクトリが現状に合っているか確認して、現状に合わなくなったファイルを整理しましょう。

　先ほど例にあげたファイル構成を調べて、リポジトリの主目的はDjangoとJavaScriptフロントエンドによるWebアプリケーション用だとわかったとします。 その場合、Djangoプロジェクトとファイルの目的が重要どうかにかかわらず多くのファイルの中に埋もれてしまっています。issue_template.mdやpull_request_ template.mdのようなGitHub用のテンプレートファイルは.github/ディレクトリにまとめたほうが整理されてわかりやすくなります。 また、README以外のドキュメント類もdocディレクトリにまとめて、README.mdから重要度に応じて誘導するように整理しましょう。

```
.circleci/         Makefile          changelog/         doc/
.github/           README.md         deployment/        docker/
CHANGELOG.md       Vagrantfile       djangoapp/         vueapp/
```

　環境起動用の設定ファイルは、ルートディレクトリに置いてあることで利用者にはわかりやすく、開発者には開発しやすくなります。しかしVagrantfileとdocker-compose.ymlは目的が被っており、さらにdocker-compose.local.ymlも用意されているため整理が必要です。Vagrantfileは不要か確認しましょう。このプロジェクトではDocker環境をサポートしているため、Vagrantを併用せずにdockerにまとめてしまえるかもしれません。docker-composeの設定ファイルが目的別に複数用意されている場合は、docker/以下に移動しましょう。普段の開発でdocker-compose -f docker/docker-compose.local.ymlのような煩雑なコマンド入力を避けるには、COMPOSE_FILE環境変数[11]で設定ファイルを指定すれば良いでしょう。あるいはdocker-composeコマンドの実行をMakefileに任せてしまう方法もあります。このように、ファイルをサブディレクトリに移動する場合は、開発のしやすさを損なわないための修正も合わせて検討が必要です。

　整理を進めると、ルートディレクトリにファイルが多かったときには気にならなかったCHANGELOG.mdとchangelog/のような似た異なるファイル、ディレクトリの存在が目立ってきます。CHANGELOG.mdはコードの変更履歴を記載したファイルのため、リポジトリを見た人に伝えたい重要な情報と言えます。CHANGELOGは古くからあるファイル名のため、ルートディレクトリにあることが多くの人の共通認識になっています。changelog/は移動するか.changelog/に名前を変更して隠しディレクトリにできるか内容や用途を検討しましょう。

　READMEには、リポジトリを見た多くの人が知りたい情報をまとめてください。Pythonのパッケージであれば、インストール方法や使い方、APIリファレンスなどでしょう。Webアプリケーション開発プロジェクトであれば、細かい説明を書くよりも、環境構築手順やリポジトリのファイル構成などの個別のドキュメントへの目次が書かれていると使いやすいでしょう。

　ここまで、リポジトリの主目的が「1プロジェクト1リポジトリとして、DjangoとJavaScriptフロントエンドによるWebアプリケーションを開発する」場合を例に説明しました。プロジェクトによっては、djangoappとvueappを別々のリポジトリに分けたほうが管理しやすい場合もあります。いずれにしても、リポジトリのルートディレクトリを見ただけでおおよその構成が把握できるように、都度整理していきましょう。

※11　https://docs.docker.com/compose/reference/envvars/#compose_file

COLUMN

■ ファイル名から類推できること

　リポジトリルートに置いてあるファイル名やディレクトリ名から、次のような状況が類推できます。

- **.circleci**や**.travis.yml**：CIサービスで自動テストなどが設定されている
- **.env**：環境変数による環境別設定の切り替えに対応している
- **CHANGELOG**や**changelog/**：リリース毎の変更履歴を管理している
- **Dockerfile**：アプリ実行用のDocker Imageが公開されている
- **LICENSE**：使用許諾。利用時の条件が記載されている
- **Vagrantfile**や**docker-compose.yml**：OSを含むアプリ実行用の環境用意が手軽に行える
- **manage.py**：Djangoアプリの開発プロジェクト
- **package.json**：JavaScriptアプリの開発プロジェクト
- **requirements.txt**や**Pipfile**：アプリ実行用のPythonパッケージインストールが手軽に行える
- **setup.py**：Pythonの配布用パッケージのプロジェクト（従来形式）
- **pyproject.toml**：Pythonの配布用パッケージのプロジェクト（PEP-518で標準化された形式）
- **tox.ini**：Pythonプロジェクトの自動テストコマンドがまとめられている

≫85　設定ファイルを環境別に分割する

プログラミング迷子

■ 設定ファイルが1つ

後輩W　：Djangoアプリで環境別の設定を用意するのは、settings.pyをコピーして値を変えれば良いんでしょうか？

先輩T　：そうだね、Djangoは使用する設定ファイルをオプションで指定できるからね。でもコピーしちゃうと同じような変更を複数のファイルに書かないといけなくなるんじゃないかな。

後輩W　：はい、まさにそれが面倒だなと思って。他に良い方法がありますか？

先輩T　：base.pyに共通の設定を書いて、環境別の設定で継承すると良いよ。

　プログラムの設定を環境別に分けて用意することは、Djangoに限らず他のWebアプリケーションフレームワークやWeb以外のアプリでも行われます。たとえば、本番環境（production.py）と動作確認環境（staging.py）では設定が異なりますし、共有の開発環境（dev.py）や個人開発環境（local.py）、テスト実行時（test.py）などで設定をそれぞれ変える必要があります。

　プロジェクト開始時は、1つの設定ファイルから始まります。Djangoであれば、設定ファイル
settings.pyはdjango-admin startprojectで自動生成されます。

▶ **リスト4.1　settings.py**

```python
import os
BASE_DIR = os.path.dirname(os.path.dirname(os.path.abspath(__file__)))
DEBUG = True
ALLOWED_HOSTS = []
INSTALLED_APPS = [
    'django.contrib.admin',
    'django.contrib.auth',
    ...
    'myapp',
]
# MIDDLEWARE = [...]
DATABASES = {
    'default': {
        'ENGINE': 'django.db.backends.sqlite3',
        'NAME': os.path.join(BASE_DIR, 'db.sqlite3'),
    }
}
# 以下省略
```

　開発が進むにつれて、動作確認環境を用意することになったとします。動作確認環境ではデー
タベースにPostgreSQLを使い、デバッグ用画面は使わないことにします。このため、
settings.pyを複製してsettings_staging.pyを作成し、DEBUGとDATABASESの値だけ書き
換えます。
そして、Djangoが動作確認環境用の設定で起動するように、環境変数DJANGO_SETTINGS_
MODULE=settings_staging.pyを設定して起動することにします[12]。
　この方法はシンプルですが、多くの同じ設定を2つのファイルに持つことになります。このた
め、設定変更を行う場合は2つのファイルに同じような変更を行う必要があります。本番環境や
テスト用設定など他の環境が増えると、この手間はさらに増えていき、修正漏れなどの原因に
なってしまいます。

　環境別設定のために、設定ファイルを共通部分と環境依存部分に分割しましょう。
　まず、元のsettings.pyから共通部分をまとめたsettings/base.pyを用意します。

※12　https://docs.djangoproject.com/ja/2.2/topics/settings/

▶ **リスト4.2　settings/base.py**

```python
import os
BASE_DIR = os.path.dirname(os.path.dirname(os.path.abspath(__file__)))
DEBUG = True
ALLOWED_HOSTS = []
INSTALLED_APPS = [
    'django.contrib.admin',
    'django.contrib.auth',
    ...
    'myapp',
]
# MIDDLEWARE = [...]
DATABASES = {
    'default': {
        'ENGINE': 'django.db.backends.sqlite3',
        'NAME': os.path.join(BASE_DIR, 'db.sqlite3'),
    }
}
# 以下省略
```

　次に、環境別の設定値だけを持った、環境別の設定ファイルlocal.pyとstaging.pyを用意します。

▶ **リスト4.3　settings/local.py**

```python
from .base import *  # base.py のデフォルト設定を読み込み
# デフォルト設定と同じため、設定なし
```

▶ **リスト4.4　settings/staging.py**

```python
from .base import *  # base.py のデフォルト設定を読み込み
DEBUG = False
ALLOWED_HOSTS = ['www.example.com']
DATABASES = {
    'default': {
        'ENGINE': 'django.db.backends.postgresql',
        'NAME': 'mydatabase',
        'USER': 'mydatabaseuser',
        'PASSWORD': 'mypassword',
        'HOST': '127.0.0.1',
        'PORT': '5432',
    }
}
```

　これで、base.py、local.py、staging.pyの3つに分割されました。この方針で進めると、他にあと2つ、本番環境用のproduction.pyとテスト実行時用のtest.pyが作られることになるでしょう。こうすることで、設定変更のほとんどはbase.pyを書き換えるだけで済み、環境別

の設定は環境名のファイルを変更すれば済むようになります。たとえば、ローカル環境用に django-silk[13]を追加するには local.py だけを変更します。

▶ **リスト4.5　settings/local.py**

```
from .base import *  # base.py のデフォルト設定を読み込み

INSTALLED_APPS.append('debug_toolbar')  # 追加
MIDDLEWARE.append('debug_toolbar.middleware.DebugToolbarMiddleware')  # 追加
INTERNAL_IPS = ['127.0.0.1']
```

　本節では、環境依存の設定値を分割管理する方法について説明しました。次の**86**「状況依存の設定を環境変数に分離する」（P.203）では、状況によって変更したい設定値の扱い方について説明します。

≫86　状況依存の設定を環境変数に分離する

> **プログラミング迷子**
>
> **■ 多段継承した設定ファイル**
>
> 後輩W ：先輩、個人用の環境設定が必要になったら、設定ファイルを追加して from .local import *すれば良いですか？
>
> 先輩T ：どうして設定を追加したいの？
>
> 後輩W ：local.pyで追加しているsilkを外すと少し動作が軽くなるので、自分の環境では解除しようかと思ってます。
>
> 先輩T ：もしかして、継承してINSTALLED_APPSから削除しようとしてる？　多段継承して差分実装を繰り返すのは良くないパターンだよ。別の方法を検討しよう。

　85「設定ファイルを環境別に分割する」（P.200）で settings/ディレクトリ配下の設定ファイルを base.py、local.py、staging.pyに分割しました。local.pyにはDEBUG=Trueと silk のインストールを指定するなど、各設定ファイルにはその環境で一番よく使う設定を実装しています。しかし、そこからさらに継承した設定ファイルを用意するなど、設定ファイルを多段継承することには問題があります。

具体的な失敗

　local_for_me.pyのような個人用設定ファイルに from .local import *を書いてカスタマイズするのは簡単です。このような設定ファイルを共有リポジトリにコミットすると、settings/配下のファイルが増え、設定内容を把握するのが難しくなってしまいます。また、同

※13　76「シンプルに実装しパフォーマンスを計測して改善しよう」（P.185）参照

じ発想で検証環境用の設定ファイルを複数用意してしまうことには問題があります。このような多段継承による差分実装を繰り返すと、当初はシンプルな方法でうまく対処したように見えても、徐々に設定の複雑化を招いてしまいます。

前述の迷子の例で本来行いたかったのは、「silkは調査で必要なときだけ有効化したい」ということでしょう。このような状況依存の設定は他にもあります。たとえば、ローカル開発環境でもDEBUG=Falseで動作確認したり、本番環境でもマイグレーションはDEBUG=Trueで実行することがあります。このように、設定には環境依存の設定値と、状況依存の設定値があります。

状況依存の設定値を設定ファイルで管理してしまうと、一時的な設定変更のためにその環境用の設定ファイルを書き換え、用が済んだら元に戻す必要があります。このような「一時的に変更してあとで元に戻す」手順を採用していると、本番環境の設定ファイルを元に戻し忘れたり、ローカル開発環境で誤ってコミットしてしまったりと、トラブルの原因となってしまいます。

ベストプラクティス

状況依存の設定値をコードから分離し、環境変数で設定しましょう。DEBUGだけであれば以下のように実装できます。

▶ **リスト4.6　settings.py**

```python
import os
DEBUG = bool(os.environ.get('DEBUG', False))
```

これで、環境変数DEBUGがなければDEBUG=Falseとして動作します。Trueにしたい場合は、DEBUG=1 python manage.py runserverのように環境変数を指定して実行します。

環境変数をDjangoの設定に使う場合、django-environ[14]やパッケージを使うのが便利です。Django以外でも同じように環境変数を設定に使いやすくするにはpython-decouple[15]が利用できます。これらのツールは、環境変数を扱う便利な機能を提供しています。また、OSの環境変数から値を読み取って利用できるだけでなく、.envファイルに書いた環境変数設定を読み込んで利用できます。環境変数は、環境別のファイルで用意します。

▶ **リスト4.7　.env.local**

```
DEBUG=True
ALLOWED_HOSTS=127.0.0.1,localhost
INTERNAL_IPS=127.0.0.1
USE_SILK=True
DATABASE_URL=sqlite:///db.sqlite3
```

※14　https://django-environ.readthedocs.io/

※15　https://pypi.org/p/python-decouple/

▶ **リスト4.8　.env.staging**

```
DEBUG=False
ALLOWED_HOSTS=www.example.com
INTERNAL_IPS=
USE_SILK=False
DATABASE_URL=postgres://mydatabaseuser:mypassword@127.0.0.1:5432/mydatabase
```

　実際の環境では、これらのファイルを.envにリネームするかシンボリックリンクにして利用します。次に、環境変数を読み込んで利用するようにdjango-environを使ってsettings.pyを設定してみましょう。

▶ **リスト4.9　settings.py**

```
import os
import environ

BASE_DIR = os.path.dirname(os.path.dirname(os.path.abspath(__file__)))
env = environ.Env()
env.read_env()   # 現在のディレクトリか上位にある.envを読み込み、環境変数に設定する

# env.bool() は 'true', 'on', 'ok', 'y', 'yes', '1' を真として扱う
DEBUG = env.bool('DEBUG')

# env.list() は環境変数から取得した文字列をカンマ区切りでリストに変換
ALLOWED_HOSTS = env.list('ALLOWED_HOSTS')
if DEBUG:
    INTERNAL_IPS = env.list('INTERNAL_IPS')

INSTALLED_APPS = [
    'django.contrib.admin',
    'django.contrib.auth',
    ...
    'myapp',
]
# MIDDLEWARE = [...]

if env.bool('USE_SILK', default=False):  # 取得できなければFalse
    INSTALLED_APPS.append('silk')
    MIDDLEWARE.append('silk.middleware.SilkyMiddleware')

DATABASES = {
    'default': env.db_url('DATABASE_URL')  # DB URL形式で解釈してdictを返す
}

# 以下省略
```

　これで、状況によってDEBUG設定やsilkの有効化を切り替えられるようになりました。しか

し、設定を増やすたびに管理するべき環境変数も増えていくといったデメリットもあるため、増やす前に本当にどの環境でも切り替えたいのか確認しましょう。環境依存の設定は「設定ファイルを環境別に分割管理」し、状況依存の設定は「環境変数で管理」するのが良いでしょう。

　また、django-environのようなツールで自由度が増えた分、設定ファイルの管理には気をつける必要があります。たとえば、1つのsettings.pyですべての環境別設定に対応しようとすると、設定ファイル内に環境切り分けのif文が増えて複雑になっていきます。処理を追わないと理解できないような設定ファイルでは、多段継承しているのと変わりありません。設定ファイルを複雑化してしまわないように、既存のプラクティスやツールを参考にしっかり管理しましょう。

COLUMN

▌環境変数による設定と Env file

　環境変数によるアプリケーション動作の設定はThe Twelve-Factor App[16]で紹介されている方法です。

　The Twelve-Factor Appは、ソフトウェアをサービスとして提供する際に実践するべき12の方法論です。「III. 設定」では、環境へのデプロイ毎に異なる設定は環境変数へ分離し、変わらない部分をコードに書くように分離すること求めています。

　また、環境変数をまとめた.envファイルはEnv fileとも呼ばれています。Pythonに限らず、dotenv、docker、systemd、など多くのツールがEnv fileに対応しています。これらのツールを利用する場合、docker run --env-file=.env.productionのようにパラメーターでファイル名を指定できるため、ファイル名前は.envでなくてもかまいません。

　The Twelve-Factor Appの方法論をベースにデプロイ方法を詳しく解説している書籍『エキスパートPythonプログラミング改訂2版』(Michal Jaworski、Tarek Ziade 著、稲田直哉、芝田将、渋川よしき、清水川貴之、森本哲也 訳、アスキードワンゴ 刊、2018年2月)の第6章も参考にしてください。

≫87　設定ファイルもバージョン管理しよう

　Gitなどでプログラムをバージョン管理することは一般的ですが、プログラムではない設定ファイルをバージョン管理することも大切です。設定ファイルをバージョン管理することで、万が一、元に戻したいときもすぐに対処できます。

プログラミング迷子

▌サーバー設定の履歴がない

後輩W：たまに直接サーバー上で設定ファイルを編集したいときがあるんですが、バージョン管理とかされてないので不安です。バージョン管理しなくていいんですか？

先輩T：変更する内容とかはどうやってチームと確認してるの？

後輩W：今はチケットに変更内容を書いて見てもらっています。

※16　https://12factor.net/ja/

> 先輩T　：ふむ。変更内容は確認できるし、あとから戻すこともできると言えばできそうでは
> あるが……いざというときにそのチケットを見つけられなさそうだね……。
> 今はバージョン管理するほうが履歴も追いやすいし戻しやすいから、バージョン管
> 理はしたほうがいいよ。
>
> 後輩W　：なるほどやっぱりそうなんですね。
>
> 先輩T　：Ansible等のツールを使うと、設定ファイル群も自然とバージョン管理することに
> なるしね。
>
> 後輩W　：あぁなるほど。そういう意味でもAnsibleとかを使っておくといいんですね。
>
> 先輩T　：そうだね。サーバーを構築するための手順と設定、あとその履歴をGit等で管理で
> きるから、いざというときに安心だね。

4
≫ システム設計

ベストプラクティス

　プログラムと同様に設定ファイルもバージョン管理しましょう。往々にして設定ファイルも単純なテキストデータであるため、一文字間違えただけでもソフトウェアは動かなくなります。gitなどでバージョン管理をしておけば、間違いがないか事前にチェックしたり、元に戻すことも容易になります。

　Ansible、Dockerなどの環境構築のツールを一緒に使うと、リポジトリの中に設定ファイルとその更新作業を一緒にまとめてバージョン管理できます

```
- name: Nginxの設定ファイルを配置
  template:
    src: mynginx.conf
    dest: /etc/nginx/conf.d/mynginx.conf
    backup: yes # <- ファイルを更新したときに更新前のファイルを自動でバックアップしてくれる
  notify:
    - restart nginx
```

　AnsibleでNginxの設定ファイルを更新するときはよく`template`モジュールが使われます。この例にある`mynginx.conf`はGitリポジトリの中でバージョン管理しているテンプレートファイルです。念のため、間違って上書きしたときにすぐに戻せるように`backup: yes`オプションを指定します。`backup: yes`をつけるとAnsibleがファイルを更新する直前の内容が、同じディレクトリに別ファイル名でバックアップされます。

　Dockerの場合であれば、Dockerfileの中でCOPYコマンドを使って常にビルドしたときにリポジトリの設定ファイルが使われるように書くと良いでしょう。

```
FROM nginx:latest
LABEL maintainer "spam <spam@beproud.jp>"


COPY ./conf/nginx.conf /etc/nginx/nginx.conf
```

謎の拡張子のファイル

　よくサーバー内で.origや.bakのようなファイルを見かけたことがある人もいるかもしれません。あれはまさしくバックアップのために**設定ファイルを更新する前にみんな手動でバックアップをとっていた名残**です。一見アナログな作業に見えるかもしれませんが、不慣れな設定ファイルを直接触るようなときほどバックアップをとったうえで作業できるようにしておきましょう。

4.2

サーバー構成

≫88 共有ストレージを用意しよう

　サーバーが複数台あったとき、アップロードしたファイルなどの共有データを、どこに置いて
どう管理したら良いか悩んだことはありませんか？　単一サーバーでは問題にならなかった、複
数サーバー間でのファイル共有について考えてみましょう。

具体的な失敗

　たとえば複数台のサーバーがあるようなWebアプリケーションを作ったとき、以下の図のよう
に単一のサーバーにだけファイルを保存していると、他のサーバーから利用できません。

▶ 図4.1　複数台サーバーのときは、単一のサーバーにだけファイルがあってもダメ

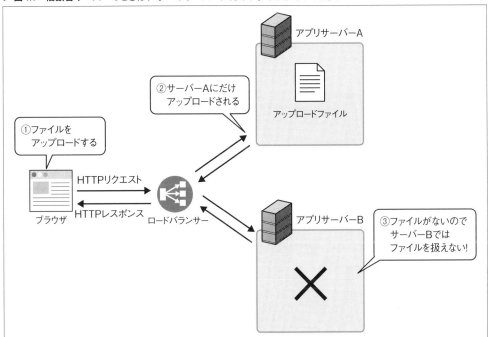

　またサーバーが故障した場合などに、ファイルが消えてしまうリスクもあります。

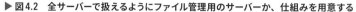

ベストプラクティス

　アップロードファイルを集約して管理するような共有ストレージとなる、サーバーを用意しましょう。専用のサーバーが用意できない場合はNFS等を利用してファイルを共有します[17]。

▶ 図4.2　全サーバーで扱えるようにファイル管理用のサーバーか、仕組みを用意する

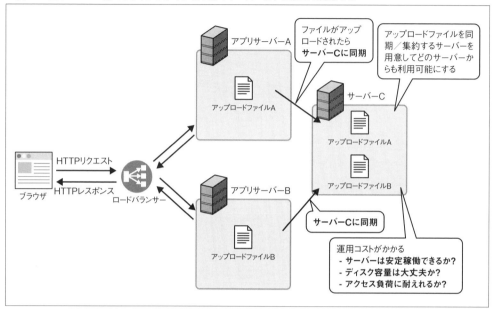

　上記のような自分たちでストレージを管理する場合、サーバーの運用コストはそれなりにかかります。ファイルを集約すると、一箇所にファイルが集中するので、個別のサーバーよりもディスク容量が多く必要なる場合や、単一障害点にならないように冗長構成を取る必要があります。

　現実的には、自分たちで共有ストレージを構築・運用するよりも、AWSやGCPが提供するクラウドのストレージサービスを利用したほうが運用・金銭的コストが抑えられます。

[17]　ファイルの共有やスケールアウトについて、詳しくは『Webエンジニアが知っておきたいインフラの基本』（馬場俊彰 著、マイナビ 刊、2014年12月）を参照してみてください。

▶ 図4.3　積極的にクラウドのストレージを使えば、実装／運用コストが大幅に削減できる

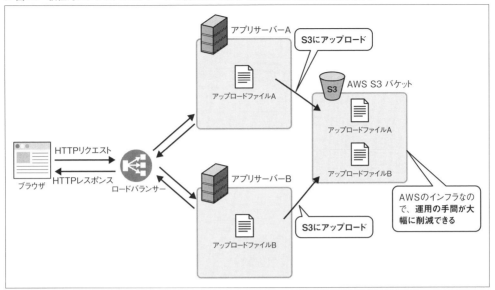

　共有ストレージを用意することでアプリケーションを動かすサーバーには、共有ファイルを置かずに済むので、その分サーバの入れ替えが楽になったり、サーバーで障害が起きてもストレージとそのデータには影響がないというメリットが得られます。

　なるべく、データやファイルは単一のサーバーにだけしか存在しないといったケースは避けて、共有ストレージの利用を検討しましょう。

≫89　ファイルをCDNから配信する

　Webアプリケーションを公開したけど、サーバー側が問題がないのに、サイトが表示されるまでに時間がかかって困ったことはないですか？　ここでは、静的ファイルを効率良く配信するCDN（Contents Delivery Network）について簡単に紹介します。

ベストプラクティス

　Webアプリケーションを公開すると、世界中のユーザーからアクセスがきます。そのため地理的にサーバーから離れた場所にいるユーザーは、単純な画像ファイルやJavaScript／CSSファイルのダウンロードにも遅延を感じるようになります。ユーザーがどこのネットワークからアクセスするかによって、体感する速度は変わってきます。

　これらの問題を解決するためにCDN（Contents Delivery Network）というサービスが存在します。代表的なCDNは以下のとおりです。

▶ 表4.1　代表的なCDN

名称	URL
Akamai	https://www.akamai.com/jp/ja/
Fastly	https://www.fastly.jp/
AWS CloudFront	https://aws.amazon.com/jp/cloudfront/
GCP Cloud CDN	https://cloud.google.com/cdn/

　CDNは、全世界に用意したサーバー群に対象となる静的ファイルのコピー（キャッシュ）を持たせ、ユーザーにとって一番近いところからコンテンツを配信することで、誰がどこからアクセスしても一律同程度の速さでコンテンツを取得できるというものです。配信する際にCDN側でgzipなどの圧縮も行ってくれます。

▶ 図4.4　**CDNによるコンテンツ配信**

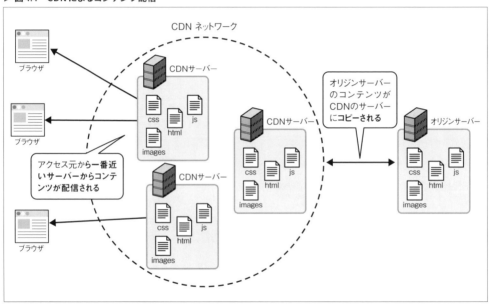

　また静的ファイルのへのアクセスはCDNのサーバー群が肩代わりしてくれるので、オリジンサーバー（CDNの元となっているファイルを持っているサーバー）への負荷も軽減できるというメリットがあります。
　ユーザーやアクセスする場所によって、サイトの表示時間が重くなるような場合などにはCDNの導入を検討してみましょう。CDNの詳しい仕組みは下記URLによくまとまっているので参考にしてください。

・第1回 CDN の 仕組み（CDNはどんな技術で何が出来るのか）
　https://blog.redbox.ne.jp/what-is-cdn.html

▋動的コンテンツにも配信にもCDNは使われる？

　CDNはもともと、静的なコンテンツをキャッシュして配信することを念頭におかれた仕組みです。しかし、その強力な配信バックボーンを利用して、近年では動的なコンテンツの配信にも利用されるケースが増えています。

》90　KVS（Key Value Store）を利用しよう

　Webアプリケーションを開発していて「大量のデータをRDBから何度も取得して処理が重くなった」「突然サーバーが高負荷になってしまった」というような経験はありませんか？

具体的な失敗

　たとえばECサイトなどを商品一覧ページなどで、「多数のユーザーがアクセスしにきて重くなるので表示速度を改善したい」という要望がきたとします。このとき、RDBから一度取得した商品データをプログラム上でキャッシュして、高速にレスポンスを返すようにしました。

```python
from app.models import Item

CACHED_ITEMS = None

def item_view(request):
    global CACHED_ITEMS

    if CACHED_ITEMS:
        # キャッシュがあるときは RDB(Item) からデータを取得ししない
        items = CACHED_ITEMS
    else:
        items = Item.objects.all()
        # すべての商品データをグローバル変数(メモリ)にキャッシュする
        CACHED_ITEMS = list(items)

    return render(request, 'items/index.html', {
        "items": items,
    })
```

　ところが、商品データをメモリにすべて載せてしまったために、逆にサーバーのメモリが枯渇してしまい、サイト全体が重くなってしまいました。

⌜ ベストプラクティス ⌟

　プログラムのメモリ上にキャッシュ用のデータを載せずに、KVS（Key Value Store）を利用しましょう。

　KVSは、MySQL、PostgreSQLのようなRDBとは違い、単純なキーとそれに紐づく値を管理するデータストアです。

　代表的な製品でいうと以下のようなものがあります。

・Memcached
　https://memcached.org/
・Redis
　https://redis.io/

　KVSは操作が単純な分、高速にデータの読み書きができるので、アプリケーションのキャッシュに利用されることがしばしばあります。たとえば、別サーバーにKVSを用意して、そこでキャッシュデータを管理することで、サーバーのメモリを節約できたり、RDBサーバーへの負荷を軽減できます。Djangoの場合アプリケーションキャッシュの機能があるので、キャッシュのバックエンドとして、MemcachedやRedisを設定できます。

　以下はdjango-redis[18]というライブラリを利用して、DjangoのキャッシュバックエンドをRedisに設定している例です。

▶ リスト4.10　settings.py

```
# settings.py ---

CACHES = {
    'default': {
        'BACKEND': 'django_redis.cache.RedisCache',
        'LOCATION': 'redis://redis-server:6379/0',
        'OPTIONS': {
            'CLIENT_CLASS': 'django_redis.client.DefaultClient'
        }
    }
}
```

　設定ファイル（settings.py）でRedisをキャッシュとして使うように設定すれば、下記のようなコードでキャッシュデータがRedisに保存されます。キャッシュのバックエンドはRedisだけでなくMemcached等もサポートしています。

※18　https://niwinz.github.io/django-redis/latest/

```
from app.models import Item
from django.core.cache import cache

CACHE_KEY = "all_items"

def items_view(request):

    if CACHE_KEY in cache:
        # キャッシュがあるときはCache(Redis)からデータ取得
        items = cache.get(CACHE_KEY)
    else:
        items = Item.objects.all()
        # 商品データはCache(Redis) にセット
        cache.set(CACHE_KEY, items)

    return render(request, 'items/index.html', {
        "items": items,
    })
```

　KVSのサーバーを運用するのは、RDBサーバーを運用するのと同等に運用の手間がかかります。たとえば、冗長化をしたり、データをバックアップする必要があります。ですが、クラウドサービスでもKVSのサービスが存在するので、そちらを利用できれば運用コストを抑えることができます。たとえばAWSのElastiCacheです。

　ここで一点注意してほしいのが、KVSを利用したキャッシュサーバーが増えるということは、その分ミドルウェアが増えるので運用の手間が増えたりキャッシュを扱うコードが増えたりすることです。そのため、闇雲にKVSを導入するのではなく、本当に必要なのかどうかよく検討したうえで導入しましょう。たとえばアクセスが少なく、動作も遅くない画面にキャッシュは不要です。またRDBのインデックスのチューニングで高速化できるのであればKVSの導入は後回しでもかまいません。

≫91　時間のかかる処理は非同期化しよう

　Webアプリケーションを開発していて、1つのHTTPリクエストの中で、大量のデータを扱い、処理が重くなったことはないですか？　ここでは、リアルタイムでの必要のない処理を非同期化することのメリットについて紹介します。

具体的な失敗

　たとえばSNSなどで複数人の友達に一斉に招待メールを送るような機能を、どう実装しますか？　下記はDjangoで愚直に書いたコードです。

```
def invite_users_view(request):

    form = InviteForm(request.POST)
    if not form.is_valid():
        return render('error.html')

    emails = form.cleaned_data['emails']
    for email in emails:
        api.send_invite_mail(email)  # 1件1件その場で配信してすべて終わるまで処理がブロックされる

    # メールがすべて配信し終わるまでsend_end.html画面は表示されない
    return render('send_end.html')
```

このコードだと、1,000人同時に招待したら1,000人にメール配信が完了するまでユーザーの画面は固まったままです。システム的にもリソースが占有されて他のリクエストを捌けなくなる可能性があります。

ベストプラクティス

リアルタイムでの処理が必要ない部分で時間がかかるような場合、非同期化を検討しましょう。たとえば、メールの送信や、外部システムへの通信は、非同期で処理したほうが良い場合があります。

非同期化と一口に言っても、実現方法はさまざまです。たとえばPythonでは以下のような方法があります。

・ThreadPoolExecutor等を用いて別スレッドで処理する
・asyncioを利用する
・Celeryなどのジョブキューシステムを利用する

ジョブキューシステムとは、何かしらの処理をジョブという単位で管理して、それをキューに積んでおき、あとでキューから1つずつジョブを取り出して実行していくシステムのことを指します。キューに積んで1つずつ処理していくので、サーバーの負荷軽減に利用できます。

ここではCelery[19]というジョブキューシステムを利用した非同期化の例を見てみましょう。下記のコードでは、メール送信の処理は「一旦受け付けた」ことにして完了画面を表示して裏側ではCeleryで非同期にメール配信しています。

```
from . import tasks  # <- Celeryタスクのインポート

def invite_users_view(request):

    form = InviteForm(request.POST)
```

※19　http://www.celeryproject.org/

```
    if not form.is_valid():
        return render('error.html')

    emails = form.cleaned_data['emails']
    for email in emails:
        tasks.send_invite_mail.delay(email) # 実際のメール送信処理はCeleryに任せる
                                            # delay関数は即座に終了する

    # メール送信はCeleryに任せるので完了画面はすぐに表示される。
    return render('send_end.html')
```

　見た目はほとんど変わりませんが、時間がかかる「メール送信処理」自体はCeleryに任せるので、完了画面を表示するスピードは具体的な失敗の例よりもかなり速くなります。

　どの場合でも非同期化すれば良いというわけではありませんが、リアルタイムでの処理速度に困ったら一度非同期化を検討してみましょう。

［関連］

・77　トランザクション内はなるべく短い時間で処理する（P.188）
・92　タスク非同期処理（P.217）

≫92　タスク非同期処理

`プログラミング迷子`

▍ワーカープロセスからスレッド起動

後輩W　：ちょっとわからない不具合があって、相談に乗ってください。タスクの非同期処理を実装したんですが、たまに処理が行われないことがあるんです。

先輩T　：非同期処理、どうしてやりたいんだっけ。

後輩W　：Webアプリケーションでボタンを押したときに、時間がかかる処理をやりつつ、ブラウザにはすぐレスポンスを返すためです。

先輩T　：んー、なるほど。その非同期処理はどうやって実装したの？

後輩W　：スレッドで動かしてます。

先輩T　：あー、それが原因だろうね。タスク処理用のスレッドをGunicornプロセスから起動したために、Gunicornのワーカープロセスが自動再起動したときにおかしくなってるんだと思うよ。

　Gunicornのワーカープロセスなど、自動的に再起動されるプロセス上でスレッド起動や子プロセス起動をしてはいけません。Gunicornのような Webアプリケーションのプロセスは、複数のレスポンスを扱うための機能を提供するためにマルチプロセス、マルチスレッドが使われています。このため各プロセスからさらにスレッドや子プロセスを起動した場合、そういった制御機構

と競合してしまい、何が起こるかわかりません。

　Gunicornの場合、一定数のリクエストを処理する毎にワーカープロセスが再起動される設定があります。意図しないタイミングでワーカープロセス自体が再起動されると、スレッドでの処理が最後まで行われないまま終了してしまったり、スレッドがワーカープロセスの再起動を妨げたりといった、意図しない動作を引き起こしてしまいます。

　また、スレッド起動や子プロセス起動には、起動したスレッドやプロセスを管理するための実装が必要です。安定して動作させるには、さまざまなケースに対応した処理を実装する必要があり、自作するコストが見合いません。

ベストプラクティス

　非同期タスク処理が必要な場合は、専用プロセスで処理を行うように設計しましょう。

　非同期タスク処理は自作しようとせず、定番フレームワークの利用を検討しましょう。定番フレームワークには、以下のようなものがあります。

▶ 表4.2　非同期タスク処理フレームワークの比較

	Celery	Django Background Tasks[19]	APScheduler[20]
バージョン（リリース日）	4.4.0（2019/12/16）	1.2.5（2019/12/23）	3.6.3（2019/11/5）
インフラミドルウェア追加	Redis	なし	なし
ライブラリの使いやすさ	◎非同期実行の定番	○シンプルで使いやすい	△
ドキュメント	◎	少ない	ある（Django例は少ない）
対応Pythonバージョン	〜3.8	〜3.7	〜3.7
タスクキック	自動	自動 or コマンド実行	自動
プロセス	常駐	常駐 or cron等で時間起動	常駐
エラー時のリトライ	あり	あり	なし
テーブル追加	あり	あり	あり
タスクの引数	pickle化可能なデータ	json化可能なデータ	json化可能なデータ
Django連携	◎	◎	未確認
導入しやすさ	○	◎	○
インフラ作業	常駐管理 & Redis導入	常駐管理 or cron等設定	常駐管理 or cron等設定

　CeleryはRDBだけでは利用できず、メッセージブローカー用のミドルウェアが必要なため、導入には一手間かかります。機能が豊富で細かい設定もできるため、さまざまなニーズに対応できます。

　Django Background TasksはCeleryに比べて機能は限定的です。データシリアライズ方式がJSON固定のため、datetime型などのjson化できないオブジェクトはタスクに渡せません。Redisなどのミドルウェア追加が不要なため、既存のRDBだけで非同期処理を実現したい場合に便利です。

関連

・95　Celeryのタスクにはプリミティブなデータを渡そう（P.223）

※20　https://django-background-tasks.readthedocs.io/

※21　https://pypi.org/project/APScheduler/

4.3

プロセス設計

≫93　サービスマネージャーでプロセスを管理する

> プログラミング迷子

▌Djangoサーバーを動かし続ける方法は？

後輩W　：Djangoを実行しているとき、⎡Ctrl⎤＋⎡C⎤を入力したり、ターミナルからログアウトするとプロセスが終了してしまうんです。

先輩T　：そうだろうね。何か困ってるの？

後輩W　：ログアウト後も実行し続ける方法を調べてたら`nohup python manage.py runserver < /dev/null &`で起動するっていう方法を見つけたんですけど、これでもときどきプロセスが止まってしまうみたいで、お客さんの動作確認がなかなか進まなくて。どうしたら止まらないようにできるんでしょう？

先輩T　：ちょっと待って！　検証環境をrunserverで動かしてるの？　Webアプリケーションサーバーとサービスマネージャーは使ってない？

後輩W　：Webアプリケーションサーバー、ってDjangoのことじゃないんですか？

　WebアプリケーションサーバーはWebアプリケーションを実行するサーバープロセスです。DjangoはWebアプリケーションフレームワークですが、サーバーではありません。Djangoが内蔵している**manage.py runserver**コマンドもWebアプリケーションサーバー機能を提供しますが、これは簡易的な機能で本番には不向きです。ソースコードを変更した場合に自動的に再起動したり、画像やCSSなどの静的ファイルを配信するといった開発に便利な仕組みを持っていますが、本番環境で必要となるいくつかの機能は持っていません。

　たとえば、runserverには並列処理機能がないため、ブラウザからの複数のリクエストを同時に処理できません。ブラウザは1ユーザーが1ページ表示する場合でも、HTMLの他、画像やCSS、JavaScriptなど複数のファイルを同時にリクエストします。サーバー側でリクエストの並列処理ができないと、ブラウザはリクエストの処理を待つことになり、1ページの表示に時間がかかります。また、runserverには死活監視機能がなく、プロセスが何かの問題で停止してしまったら人間が気づいて起動し直す必要があります。このため、runserverはサーバーに常駐して実行し続ける用途には向いていません。

ベストプラクティス

　本番環境やそれに近い環境でDjangoを常駐実行する場合、サービスマネージャーとWebアプリケーションサーバーを使用しましょう。

　サービスマネージャーは、常駐するデーモンプロセスの起動や終了を管理し、異常終了時の自動再起動などを行います。最近のLinuxではSystemdが標準的に利用されていますが、少し前のLinuxではUpstartやSysV initなどが使われていました。Systemdはサービス管理のための多くの機能を提供しますが、そのうちの1つにログ管理があります。ログ出力はjournalctlで確認できます。ログファイル管理について詳しくは**74**「ログファイルを管理する」（P.180）を参照してください。

　Webアプリケーションサーバーとしては、**Gunicorn**[22]や**uWSGI**[23]などが一般的に利用されます。本番利用を想定しているWebアプリケーションサーバーは、複数プロセス起動による並列処理機能と死活監視を提供します。さらに、こういった専用のミドルウェアは動作が非常に速く、利用環境に合わせて設定できるさまざまなチューニングオプションを提供しています。

　GunicornとSystemdを使ってDjangoのWebアプリケーションを実行する例を紹介します。新規のDjangoプロジェクトを作成しワーカープロセス数を4つ指定してGunicornを起動します。

```
(venv) $ pip install django gunicorn
(venv) $ django-admin startproject djangoapp
(venv) $ cd djangoapp
(venv) $ gunicorn djangoapp.wsgi:application -w 4
[2019-12-20 09:22:11 +0900] [74228] [INFO] Starting gunicorn 20.0.4
[2019-12-20 09:22:11 +0900] [74228] [INFO] Listening at: http://127.0.0.1:8000 (74228)
[2019-12-20 09:22:11 +0900] [74228] [INFO] Using worker: sync
[2019-12-20 09:22:11 +0900] [74231] [INFO] Booting worker with pid: 74231
[2019-12-20 09:22:11 +0900] [74232] [INFO] Booting worker with pid: 74232
[2019-12-20 09:22:11 +0900] [74233] [INFO] Booting worker with pid: 74233
[2019-12-20 09:22:11 +0900] [74234] [INFO] Booting worker with pid: 74234
```

　djangoapp.wsgi:applicationはPythonのドットモジュール表記で、djangoapp/wsgi.py内のapplicationオブジェクトを指しています。wsgi.pyはdjango-admin startprojectで自動的に作成されるWSGIインターフェース用のモジュールです。Djangoに限らず、ほとんどのPython製WebアプリケーションフレームワークはWSGIインターフェースを提供しています。このため、WSGIインターフェースに対応したどのWebアプリケーションサーバーとも自由に組み合わせて使用できます。

　上記の例で起動したGunicornをSystemdから起動するには、/etc/systemd/system/gunicorn-djangoapp.serviceファイルを作成します。

※22　https://pypi.org/project/gunicorn/

※23　https://pypi.org/project/uWSGI/

```
[Unit]
Description=gunicorn daemon
After=network.target

[Service]
Type=notify
PIDFile=/run/djangoapp/pid
User=www
Group=www
WorkingDirectory=/home/www/djangoapp/src
Environment=DJANGO_SETTINGS_MODULE=djangoapp.settings
ExecStart=/home/www/djangoapp/venv/bin/gunicorn \
    --pid=/run/djangoapp/pid \
    --workers=4 \
    --max-requests 1000 \
    --max-requests-jitter 50 \
    --bind="127.0.0.1:8000" \
    --timeout=60 \
    --keep-alive=24 \
    --capture-output \
    --access-logfile=- \
    djangoapp.wsgi:application
ExecReload=/bin/kill -s HUP $MAINPID
KillMode=mixed
TimeoutStopSec=5
PrivateTmp=true

[Install]
WantedBy=multi-user.target
```

　この例ではGunicornのオプションも複数指定しています。ワーカープロセスを4つ起動し、各ワーカーはリクエストを1,000回（±50回）処理したあと自動的に再起動し、メモリやリソースを定期的に解放します。ワーカープロセスが何らかの理由で応答しなくなった場合、60秒待って自動的に再起動します。DjangoのログはLOGGING設定で標準出力に出すことを期待していて、それをGunicornのログでそのまま出力します。Gunicornのログはファイルではなく標準出力に出すことで、サービスマネージャーのログ管理に任せています。GunicornをSystemdで起動する設定について、詳しくは公式ドキュメント Deploying Gunicorn[24]を参照してください。

　このファイルを用意したら、以下のコマンドでサービスを起動して、状態を確認できます。

```
$ sudo systemctl start gunicorn-djangoapp
$ systemctl status gunicorn-djangoapp
```

※24　https://docs.gunicorn.org/en/stable/deploy.html

関連

・68　ログがどこに出ているか確認しよう（P.169）
・94　デーモンは自動で起動させよう（P.222）

≫94　デーモンは自動で起動させよう

　サービスマネージャーでアプリをデーモン化したものの、サーバーを再起動したらアプリが起動せずに困ったことはないですか？　デーモン化したものが自動で起動するような設定を紹介します。

具体的な失敗

　Webアプリケーションをsystemdでデーモン化したので、アプリケーションが高負荷状態でプロセスがKillされても再起動されるという状態は担保できていました。ところがサーバーにセキュリティー更新を当てるために、サーバーを再起動してしばらくしたところWebアプリケーションが動いていないという事態が発生しました。

　原因はごく単純で、サーバーの再起動後の自動起動の設定をしていなかったのです。

ベストプラクティス

　サーバー上でsystemdを使ってデーモン化したらsystemctlで自動起動の設定をしておきましょう。サーバーは永久に動き続けるわけではないので、不意の事態に対応できるように備えておくべきです。

　デーモンが自動起動の設定が有効になっているかどうかはsystemctl is-enabledで調べられます。

```
$ systemctl is-enabled servicename
disabled
```

　disabledと表示されたら自動起動の設定は無効になっているので、有効にするコマンドを実行してください。

```
# 自動起動を有効にする場合
$ systemctl enable servicename
```

　サーバーを再起動することが、珍しいことと思われるかもしれませんが、たとえばAWSのEC2などはサーバーのメンテナンスなどで再起動を求められることがあります。

≫95 Celeryのタスクにはプリミティブなデータを渡そう

Celeryのようなジョブキューシステムを利用するとき、ジョブに渡すデータが大きいと、思わぬ不具合に遭遇します。ここでは、なるべく不具合になりにくいデータの渡し方についてご紹介します。

具体的な失敗

下記のコードはDjangoのProductItemというモデルのデータをオブジェクトそのままにCeleryのタスクに渡しているコードです。

```python
# Celeryのタスク
@shared_task
def update_items_task(items, new_attr):
    for item in items:
        if item.attr != new_attr:
            item.attr = new_attr
            item.save()


# タスクの呼び出し元
def some_process(product_item_ids, new_attr):
    target_items = ProductItem.objects.filter(id__in=product_item_ids)
    update_items_task.delay(target_items, new_attr)
```

コードとしてはシンプルですが、DjangoからCeleryへの通信コストという点では、複雑なデータ構造を持つPythonのオブジェクトはあまり良くありません。

Celeryは送信データのシリアライズ方法としてPickleを設定でき、Pythonオブジェクトのままデータをタスクに渡すことができますが、展開するときにCelery側に余計に負荷をかけてしまうこともあります。

またCeleryにデータを送信して処理待ちをしている間に元のDjangoモデルが更新されると、すでに送信済みのモデルデータは、古い状態のままなので、実際の処理には古いデータを利用してしまうリスクもあります。

ベストプラクティス

Celeryのような専用のデーモンを立ち上げて処理するようなシステムにデータを送るときは、なるべくプリミティブ（原始的）なデータにしましょう。たとえばintやstrなどのシンプルな値です。受け取った側ではでプリミティブなデータから、本当に必要なデータを取り出して利用しましょう。

```
@shared_task
def update_items_task(item_ids, new_attr):
    for item in ProductItem.objects.filter(id__in=item_ids): # <- 受け取ったIDから必要な☑
データを取得する
        if item.attr != new_attr:
            item.attr = new_attr
            item.save()

def some_process(product_item_ids, new_attr):
    target_items = ProductItem.objects.filter(id__in=product_item_ids)
    update_items_task.delay([t.id for t in target_items], new_attr) # <- id(int)のリスト☑
だけを渡す
```

　ここではidのリストだけをCeleryに渡し、受け取ったタスク側でidを元に最新のモデル情報を取得しています。こうすることで、送信するデータ量を抑えつつ、常に最新の状態でタスクを処理できます。

4.4

ライブラリ

≫96 要件から適切なライブラリを選ぼう

OSSなどのライブラリを選定するときに何を基準に採用すれば良いか迷ったことはありませんか？ ここではライブラリをどのような観点で選び、導入していくと良いのかを説明します。

ベストプラクティス

OSSのライブラリは、ソースが公開されていて無料で利用できるものも多いという利点と引き換えに、開発が突然停止したり、プログラミング言語のバージョンアップに対応してくれなくて利用ができなくなったりと、採用するリスクも存在します。

そういったリスクを完全に回避することはできませんが、導入にあたって気をつけるべきポイントを紹介します。

●要件を満たすライブラリを探そう

どういうライブラリがほしいのか要件を正しく把握しましょう。なぜライブラリが必要なのか、そのライブラリに求める機能は何か、しっかりと考えることが大事です。

要件を把握できていないと、一部分しか使わない過剰に巨大なライブラリを選択してあとからメンテナンスに苦労したり、必要だと思って導入してはみたものの実はそれは必要ではなかったことがあとからわかったりして徒労に終わることもあります。

たとえば、ほしいライブラリに求める要件をリスト化して本当にそれが必要なのか、ライブラリを使わずに済ませる方法がないのか吟味しましょう。

●先行事例を確認しよう

要件をまとめたら、同じような要件の先行事例を探してみましょう。たとえば同僚や仲間が、同じような要件に適したライブラリを知っているかもしれません。身近に聞く人がいなければ、技術系のQ&Aサイトで聞いてみたり、探してみたりするのも有効な手段です。

本当にライブラリが必要なのかという観点でも先行事例を調べてみるのも良いでしょう。実は、ライブラリを別途導入しなくても、標準ライブラリや既に導入済みのフレームワークが、必要とする機能を備えていることがわかるかもしれません。

●枯れているライブラリを利用しよう

ソフトウェアの世界では、長年よく使われている、ポピュラーなライブラリやシステムのことを「枯れている」と表現します。

枯れているソフトウェアは多くの人が利用していて、新しいライブラリよりも安定していることが多いです。公式ドキュメントが充実していたり、適切にメンテナンスされているライブラリは、いざ何かあったときに対処しやすいというメリットがあります。

闇雲に探すよりも、同僚に聞いたり、そういうライブラリが集まっているサイトなどで探してみるのも良いでしょう。

たとえば有志によって集められたPythonのライブラリ集のAwesome Python[25]や、Djangoと一緒に利用できるライブラリだけを集めたDjango Packages[26]というサイトが有名です。

●ライセンスを確認しよう

OSSとして公開されていて、個人利用は無償でも、商用の場合は有償のライセンスという特殊なケースもあります。導入に踏み切る前に、ライセンスはしっかり確認しましょう。

またOSSで利用されるポピュラーなライセンスなどを調べてみるのも良いでしょう。たとえばMIT License、Apache License、BSD Licenseなどがあります。ポピュラーなライセンスを知っていれば、今後同じライセンスを見たときに深く調べずとも利用できるかどうかの判断が速くつくようになります。

●オフィシャルかどうか確認しよう

採用しているライブラリがオフィシャルのものか確認しましょう。たとえばあるミドルウェア製品をPythonから利用するためのライブラリを検討したとき、ミドルウェア製品を作っている企業・団体自身が公式にPythonライブラリを配布していることがあります。

公式が配布している場合、誰かが有志で作ったOSSよりも、ミドルウェアのバージョンアップに合わせてライブラリがメンテナンスされたり、継続して開発やサポートをしてくれることを期待できます。脆弱性への対応などのセキュリティー面においても、公式のOSSのほうがより早く対応してくれる可能性が高いでしょう。

公式だとしてもOSSである以上、ある日突然開発やメンテナンスが終了する可能性はありますが、それを差し引いたとしても、オフィシャルのものを選ぶほうが余計なトラブルを回避しやすいでしょう。

●こんなOSSライブラリはちょっと注意しよう

いかに著名なライブラリといえど、まともにメンテナンスされていなければ、あなたは時間を無駄にする可能性があります。以下のような兆候があるライブラリは注意してください。

※25　https://github.com/vinta/awesome-python

※26　https://djangopackages.org/

- テストがない
- CIが設定されていない
- 機能が豊富だがサンプルやドキュメントがない
- リリースノートが整備されていない
- 直近半年以上、開発が止まっている
- パッケージの作り方がPython公式のガイドラインなどに従っていない
- 開発元に提案されている課題や変更が大量に放置されている
- ライセンスが明記されていない。または独自のソフトウェアライセンス
- GitHubのリポジトリが別のところからフォークされているだけで変更がない

●小さく試そう

　いくら良いライブラリでも、開発プロジェクト内の全体で使い始める前に、まずは小さく試すようにしましょう。ぶっつけ本番で組み込み始めたは良いものの、実際にやってみると要件にマッチしない、やっぱり大事なところが足りない、使いづらいなどで結局採用されないというケースもあります。

　よくできたライブラリはチュートリアルやexampleなどを用意しているので、多少面倒でも小さく試せる検証環境を用意して検証すると良いでしょう。

　一見無駄に見えるかもしれませんが、「実際に導入しないとわからない」のギリギリまでを自分の手を動かしながら検証できるので、クリティカルな問題を回避できる確率は高くなります。

　以下のURLにもOSSライブラリを選定するための基準がよくまとまっているので参考にしてください。

- ソフトウェア開発時にどのような基準でOSSライブラリを選定するのがよいのか
  https://yoshinorin.net/2019/08/31/how-to-choose-oss-library/

≫97　バージョンをいつ上げるのか

　Pythonのライブラリをインストールして利用する場合、バージョンを固定するのが一般的です。バージョンを固定するのは、意図しないタイミングで新しいバージョンのライブラリがインストールされ、APIの変更などでプログラムが動作しなくなるトラブルを避けるためです。しかし、バージョンを固定したままでは、今度はセキュリティー上の問題を放置してしまうことになります。

　では、いつバージョンを上げれば良いのでしょうか？　いつまでも古いバージョンを使い続けると、バージョンアップによる機能やAPIの変化が大きくなり、バージョンアップによる修正とテストのコストが増大していきます。コストが増大した結果、バージョンアップを諦めざるを得

ないプロジェクトもありそうです。

　しかし、セキュリティー上の重大な問題が発生した場合、新しいバージョンには修正版が提供
されても、古いバージョンは修正されないことがほとんどです。たとえば、Django1.8は2018
年3月末でセキュリティー更新が終了しました。Django1.8を使い続けているプロジェクトでは、
最低でも1.11にバージョンを上げる必要があります。その1.11も2020年4月で更新が終了する
ため、セキュリティー更新のあるバージョンを使っていくためには次のLTS（Long Term
Support）である2.2に上げる必要があります。

　こういった大ジャンプを避けるためにも、定期的にバージョンアップしましょう。

▶ **図4.5　Django リリースロードマップ（公式サイトより）**

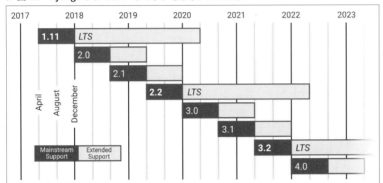

[**ベストプラクティス**]

　利用しているライブラリのバージョンを上げるタイミングについて、いくつかの観点に分けて
説明します。

●フレームワーク

　DjangoやCeleryといった機能や影響が大きいフレームワークの場合、パッチバージョン
（2.2.8→2.2.9）[27] の適用はこまめに行いましょう。パッチバージョンは軽微なバグ修正の他、
脆弱性の修正が発生した場合に更新されます。Djangoのバージョン2.2.8を2.2.9に上げる、と
いったパッチバージョンを上げるのは差分が小さく、後方互換性も担保されていることが多いた
め、影響は少なく済みます。このため、できるだけ早くバージョンを上げるべきです。

　メジャーバージョン（2.x→3.x）やマイナーバージョン（2.1→2.2）の更新は一般的に機能変
更を伴います。セキュリティー更新でないバージョンを急いで適用する必要はありませんが、定
期的に新しいバージョンに切り替えていくのが良いでしょう。Djangoのようにリリースロード
マップでバージョン毎にセキュリティー更新の期間が決められている場合、サポート期間が終わ
るまでに新しいバージョンに更新するのが良いでしょう。DjangoのLTSであれば3年間サポート

※27　https://semver.org/lang/ja/

が継続されることになっているため、最低でも3年に1回は更新するべきです。

●フレームワーク以外のライブラリ

　多くのOSSライブラリは過去バージョンのバグ修正やセキュリティー更新を提供していないため、セキュリティー更新は最新バージョンとして提供されます。もし、固定しているバージョンと最新バージョンとでAPI互換性がない場合、セキュリティー更新を適用するためにはAPI変更の対応も必要になり、リリースまで時間がかかってしまいます。このため、1年に1回など、定期的にバージョンを更新していくのが良いでしょう。フレームワークのバージョンアップ時に合わせて、一緒にバージョン更新する方針でも良いと思います。その場合でも、セキュリティー更新が発生した場合はすぐに更新を行うべきです。

●開発用のツール

　flake8、mypy、pytest、toxといった開発中だけ使用するライブラリは、極端なことを言えばバージョンを上げる必要はありません。特に、flake8やmypyなどのチェックツールはバージョンによってチェックするルールが追加されていくため、バージョンアップすることで新しい警告が増えてしまい、ソースコードを修正する必要が出てしまいます。こういったツールのバージョンを固定化せずにいたり安易にバージョンを上げてしまうと、保守フェーズでそれほど時間を割けないときに新しい警告に遭遇することになり、余計な時間をとられてしまいます。

　半年以上継続する開発プロジェクトであれば、他のライブラリの更新時に合わせてバージョンアップする戦略が良いでしょう。

COLUMN

■バージョン更新の確認方法

　pipコマンドであればpip list -oでインストールしているライブラリにバージョン更新があるか確認できます。

```
(venv) $ pip list -o
Package              Version    Latest     Type
-------------------- ---------- ---------- -----
attrs                18.1.0     19.3.0     wheel
beautifulsoup4       4.6.3      4.8.1      wheel
Cerberus             1.1        1.3.2      sdist
coverage             4.5.3      5.0        wheel
...
```

　このコマンドではセキュリティー更新があるかどうかはわかりません。GitHubのセキュリティー脆弱性アラートを使えば、requirements.txt等に記載されたPythonライブラリのバージョンをチェックして、セキュリティー上必要な更新があることを教えてくれます。このアラート機能はデフォルトで有効です。

▶ 図4.6　GitHubから通知されるセキュリティーアラート

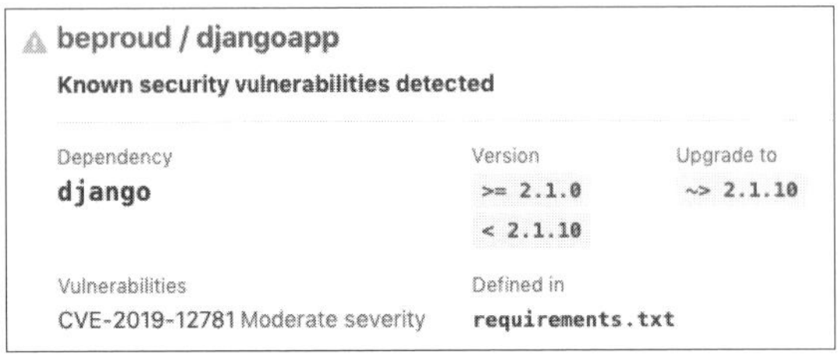

⚠ beproud / djangoapp

Known security vulnerabilities detected

Dependency	Version	Upgrade to
django	>= 2.1.0	~> 2.1.10
	< 2.1.10	

Vulnerabilities	Defined in
CVE-2019-12781 Moderate severity	requirements.txt

≫98　フレームワークを使おう（巨人の肩の上に乗ろう）

◀ プログラミング迷子

▌この大量のオレオレフレームワークは何？

後輩W ：先輩、今やってるプロジェクトでXさんと一緒に開発してるんですけど、毎日レビューしきれないPRレビューが来てとてもやってられない感じなんです。どうしたらいいんでしょう……。

先輩T ：レビューしきれないPRって、どういう状況でそうなったの？

後輩W ：今回はWeb APIのみのサーバーを開発してるんですけど、SQLをたくさん実行する必要があるので、フレームワークを使わなかったんです。

先輩T ：うっ、なんだか嫌な予感がする話だね。

後輩W ：そしたら、Xさんが「必要だから」って新しい仕組みを次々実装しているんですけど、毎日20ファイル以上差分のあるPRレビュー依頼がバンバン来るんです。でもそれを見てもなんのためにどう動くのかわからないコードの山で、どこから手をつけて良いのかわからなくて。結局レビューが間に合っていなくて、Xさん以外はわからないから誰もそのコードに手を出せないんです。

先輩T ：それは**オレオレフレームワーク**っていうやつじゃないかな。使い方のドキュメントは……ないよね？

後輩W ：ないですね。「要件に合わせて変更が必要だから、今はドキュメントを書くときじゃない」って、楽しそうに言ってました。

　プログラムを書いていると、同じルールを何度も実装することがあります。このとき、たとえばアクセス権限の確認処理があちこちで実装されているとバグが入り込みやすくなります。こういった問題を避けるには、必要な機能を切り出して実装を1箇所にまとめる必要があります。

　こういった共通化をやり過ぎて「自動的に権限をチェックするBaseViewクラスを実装してすべてのビューがクラスを継承して実装する」といったルールが作られることがあります。これが**オレオレフレームワーク**の始まりですが、それ自体は問題ではありません。大なり小なりどのプロジェクトにもオレオレフレームワークはありますし、Djangoのようにごく一部で使われていた

フレームワークをOSS化して公開した例はたくさんあります。問題は、公開されていて既に多くのユーザーに使われている良いフレームワークを研究せず、その劣化版を作ってしまうことです。

問題を引き起こすオレオレフレームワークは、以下の特徴を持っています。

- 同等機能を持つライブラリを研究していない
- ドキュメントやテストコードがない
- レビューされていない
- 脆弱性があり修正されていない
- DBコネクションやカーソルの解放忘れなど、リソース管理が甘い
- 昨日までの知識で安定的に使えない
- 機能実装よりもフレームワーク修正に時間がかかる

レビューされていない、あるいはレビューが困難なコードが増えていくと、書いた本人以外はコード保守ができないうえに、大量に埋め込まれた潜在的なバグが近い将来顕在化してくることが想像できます。保守が不要な使い捨てコードであればまだしも、通常はこのような**オレオレフレームワーク**は避けるべきです。

ベストプラクティス

一般的に使われているフレームワークを使いましょう。大きなフレームワークを乗りこなすには時間がかかるかもしれませんが、独自に実装するよりもはるかに少ないコストで課題を解決できます。多くの人に使われているフレームワークは、そこに至るまでに多くの課題を解決してきています。テストされていて、ドキュメントがあり、実装アーキテクチャが統一されているため、プロジェクトメンバーの誰もが安心して利用できます。また、フレームワークを使うことで実装コード量を減らせます。実装コード量が減ればその分だけバグを埋め込む可能性が低くなり、レビュー時間も削減できます。

このように、一般的に広く使われているOSSのフレームワークは、オレオレフレームワークとは真逆の特徴を持っています。先人の知恵の塊であるフレームワークを使いこなしましょう。巨人の肩の上に乗って、先人の知恵を使ってシステム開発を効率良く進めましょう。

関連

- 99　フレームワークの機能を知ろう（P.232）

≫ 99　フレームワークの機能を知ろう

　フレームワークが提供する多くの機能は、安全性が考慮されています。しかしフレームワークをよく知ろうとせずに、似たような機能を独自に実装したり、安全性のための制約を回避する実装をしてしまうと、大きな問題になることがあります。

具体的な失敗

　HTMLを動的にレンダリングするテンプレートエンジンでは、インジェクション対策として埋め込むデータをエスケープ処理しています。この動作を変更してHTMLやJavaScriptをそのまま扱うようにしてしまうと、思わぬところから攻撃用のタグやスクリプトを埋め込まれてしまいます。一般に公開するシステムではなく利用者が全員社内のメンバーだとしても、そのメンバーが使い方を間違わない保障はありません。

　SQLを文字列操作で組み立てることの危険性は広く知られています。それでも、動的にSQLを組み立てようとして文字列操作で実装してしまう人をよく見かけます。このような実装はSQLインジェクションの原因になるだけでなく、SQL文の細かな仕様に引きずられてコードが肥大化したり、保守が難しくなったりします。Django ORMで実現できないからといって安易に文字列操作でSQL文を組み立てるべきではありません。

　Djangoのアカウント認証の仕組みを使わずに、独自の認証機構を実装してしまうことがあります。Django Adminの管理ユーザーとモデル（テーブル）を分けたい、ユーザーの種類毎に認証の仕組みを分けたいなどの理由があるかもしれません。しかし、認証機構を安全に実装するのは非常に難しく、セキュリティーリスクが高くなるため、安易に独自実装するべきではありません。

　「ID/PWを照合するだけなので、ちょっとコードを書けばできるんじゃない？」と言われても、そのちょっとのコードでどれくらい安全と言えるでしょうか。IPAが公開している安全のガイドラインに従ってセキュリティー対策を施す場合、Djangoの認証機構をプロジェクトに合うように工夫して使うよりも時間がかかります。

COLUMN

▌安全なウェブサイトの作り方

　IPA 独立行政法人 情報処理推進機構が作成している、以下のドキュメントが参考になります。

- 安全なウェブサイトの作り方
  https://www.ipa.go.jp/security/vuln/websecurity.html
- 安全なウェブサイトの運用管理に向けての20ヶ条 〜セキュリティ対策のチェックポイント〜
  https://www.ipa.go.jp/security/vuln/websitecheck.html

　こういった**制約を回避する実装や同等機能の独自実装**は、フレームワークの理解不足によって
発生します。Q&Aサイトや個人blogの情報を鵜呑みにして実装してはいけません。役に立つこ
とが多いQ&Aサイトにも、間違った情報や安直な回答がかなりあることを忘れないようにしま
しょう。

ベストプラクティス

　フレームワークの機能を知りましょう。フレームワークの制約に従いましょう。

　フレームワークを使うということは、そのフレームワークに備わっている機能や制約を受け入
れるということです。採用したフレームワークに搭載されている機能を再実装したり、制約に逆
らって開発しようとするのは悪手です。フレームワークが機能を制約しているのであれば、多く
の場合その公式ドキュメントに答えが書かれています。どうしてもわからない場合は、誰かに相
談してみると良いでしょう。そのときは、「制約の回避方法」を相談するのではなく「なぜ制約さ
れているのか」を掘り下げてみてください。

　また、制約を回避するような実装は、安全性を低下させるだけでなく、保守性も下げてしまい
ます。制約回避実装の多くは、ライブラリの隙を突いて針の穴を通すような脆弱で難解な実装に
なります。そのような実装がバージョンアップ時に同じように動作するとは限りません。脆弱で
難解なコードを書くよりも、長期間安定して運用できるコード実装を目指しましょう。

COLUMN

▍SQLAlchemyのクエリビルダーを利用する

　SQLを文字で組み立てる必要があると考えた場合は、SQLAlchemy[28]の利用を検討してみ
てください。SQLAlchemyはDjangoのようなORMも提供していますが、クエリビルダー
（SQLAlchemy Core）も提供しています。このクエリビルダーを使えば、SQLを文字列で組
み立てるよりも安全にクエリを用意できます。また、SQLAlchemyがサポートする複数のデー
タベースエンジン向けにSQLを生成可能なため、データベースエンジン依存を最小限にでき
ます。

　Django上で使う場合は、SQLAlchemyを使って生成したSQLをDjangoのデータベースコ
ネクションに渡して実行できます。あるいはaldjemy[29]を使うことで同様の処理を実現でき
ます。

関連

・**33**　公式ドキュメントを読もう（P.77）

---

[28]　https://pypi.org/project/SQLAlchemy/

[29]　https://pypi.org/project/aldjemy/

4.5

リソース設計

≫100 ファイルパスはプログラムからの相対パスで組み立てよう

プログラムが外部ファイルを扱うとき、いざ本番にあげたらファイルがあるのにプログラムがファイルを見つけられなくて困ったことはありませんか? プログラムから外部ファイルの位置を指定する方法を見直しましょう。

具体的な失敗

たとえば以下のようにCSVファイルを利用するプログラムがあったとします。

```python
# このファイルのパスは「project/scripts/read_csv.py」とする

import csv
from pathlib import Path

CSV_PATH = Path('target.csv')

with CSV_PATH.open(mode='r') as fp:
    reader = csv.reader(fp)
    for row in reader:
        print(row)
```

CSVファイルと、raed_csv.pyは下記のようなファイルレイアウトになっています。

```
project/
└── scripts
      ├── read_csv.py
      └── target.csv
```

project ディレクトリをカレントディレクトリとして、scriptsディレクトリに移動してread_csv.py を実行します。すると想定どおりCSV ファイルの中身を表示できます。

```
$ cd scripts # scriptsディレクトリに移動
$ python read_csv.py # csvの中身が表示される
```

　ところが、1つ上の階層のprojectディレクトリに移動して実行するとファイルが見つからずにエラーになります。

```
$ cd .. # scripts ディレクトリから -> projectディレクトリに移動
$ python scripts/read_csv.py
FileNotFoundError: [Errno 2] No such file or directory: 'target.csv'
```

　このプログラムはscriptsディレクトリ以外からは実行できないという制限が意図せず生まれてしまっています。

ベストプラクティス

　どこからプログラムが実行されても適切に動くようにパスを組み立てましょう。実行されるプログラムを起点としたパスを動的に組み立てて利用すると良いでしょう。

```python
import csv
from pathlib import Path

# 起点となるプログラムがあるパス
here = Path(__file__).parent
CSV_PATH = here / 'target.csv'

with CSV_PATH.open(mode='r') as fp:
    reader = csv.reader(fp)
    for row in reader:
        print(row)
```

　Pythonでは__file__を利用することでそのファイルへのパスを取得できます。そこから現在のディレクトリのパスを取得して、相対的な外部ファイルまでのパスを組み立てれば、どこからプログラムが実行されてもファイルが見つかります。

　これらはWebフレームワークを利用した場合なども一緒です。たとえばDjangoであれば、settings.pyという設定モジュールにBASE_DIRというDjangoプロジェクトの起点となるパスが定義してあるので、それを利用してパスを組み立てます。

```python
import csv
from pathlib import Path

from django.conf import settings
```

```
CSV_PATH = Path(settings.BASE_DIR, 'data', 'target.csv')

with CSV_PATH.open(mode='r') as fp:
    reader = csv.reader(fp)
    for row in reader:
        print(row)
```

関連

・**101**　ファイルを格納するディレクトリを分散させる（P.236）

≫**101**　**ファイルを格納するディレクトリを分散させる**

プログラミング迷子

■1ディレクトリに数万ファイル

後輩W ：ユーザーからバグ報告をもらったので調査してるんですが、lsコマンドの結果が表示されるのに数十秒かかってしまって、これってどうにかならないんでしょうか？

先輩T ：lsのオプションを指定したり、lsの代わりにfindを使う方法とかあるけれど、そもそも、そんなにたくさんのファイルが置かれてるのがまずそうだね。

後輩W ：そういうものなんですね……。

　たとえば以下のように、作成したすべてのファイルを1つのディレクトリに置いてしまうと、パフォーマンスの低下などの問題が発生します。

```
/receipts/receipt-20190718-123456.pdf
/receipts/receipt-20190718-154211.pdf
/receipts/receipt-20190719-081001.pdf
/receipts/receipt-20190720-221020.pdf
```

　ファイルが増え続けるシステムの場合、リリース直後は問題になりませんが、ファイル数の増加とともに徐々に影響が出てきます。

ベストプラクティス

　ファイルを格納するディレクトリを分散させましょう。

　分散にはいくつかやり方がありますが、元になるデータのID（データベースで自動採番されるID）を利用してディレクトリを分ける方法がよく使われます。

```
/receipts/123/receipt-20190718-123456.pdf
/receipts/124/receipt-20190718-154211.pdf
```

```
/receipts/125/receipt-20190719-081001.pdf
/receipts/126/receipt-20190720-221020.pdf
```

この方法は、レコード単位で複数のファイルを扱う場合などには、直接的でわかりやすい構造です。開発中や障害発生時などには、調査がスムーズに進められます。ただし、デメリットもあります。この方法ではレコード数分だけディレクトリが増えていくため、10万レコードに対してディレクトリが10万個作成され、再び速度低下の原因になってしまいます。

その他にも、ファイル名等の一意な名前からハッシュを生成して、特定の数文字を使ってディレクトリを分ける方法があります。

```
>>> import hashlib
>>> filename = 'receipt-20190718-154211.pdf'
>>> hash = hashlib.md5(filename.encode()).hexdigest()
>>> hash
'91c58189a09e08b9bee4ae820ac8be48'
>>> path = f'/receipts/{hash[-3:]}/receipt-20190718-154211.pdf'
>>> path
'/receipts/e48/receipt-20190718-154211.pdf'
```

ハッシュを使う方法は、限られたディレクトリ数に押さえつつ、できるだけファイルを分散して配置したい場合に適しています。この方法であれば、ハッシュから3文字利用する場合のディレクトリ数は$16^3 = 4,096$に抑えられます。

COLUMN

▌ディレクトリ数の増やしすぎに注意

使用する文字数を4文字にすると、ディレクトリは65,536個必要になります。ディレクトリ数を増やしすぎると、ファイルシステムによってはinodeが枯渇し、ファイルやディレクトリを作れなくなってしまいます。ファイル数やディレクトリ数は事前に予測や計算が可能なため、要件に合わせてファイルシステムのinode数を指定しておきましょう。

ハッシュで分散させるデメリットは、ファイル名からディレクトリを特定するためにハッシュの計算が必要になることです。調査時などには一手間増えてしまいます。また、1つのディレクトリ（上記例ではe48ディレクトリ）に複数のレコードのファイルが置かれるため、同一ファイル名がないことが前提となります。

同一ファイルが想定される場合は、レコードidを用いてhash値を生成したうえで、id別のディレクトリを作成すると良いでしょう。

```
>>> id = 123
>>> hash = hashlib.md5(str(id).encode()).hexdigest()
```

```
>>> path = f'/receipts/{hash[-3:]}/{id}/receipt-20190718-154211.pdf'
>>> path
'/receipts/b70/123/receipt-20190718-154211.pdf'
```

　このようにハッシュ値を利用した複数階層のディレクトリ配置を採用している例として、キャッシュ機構を持つソフトウェアがあります。たとえば、pip、Nginx等のWebサーバー、Proxyサーバーなどのキャッシュが同様の機構を採用しています。

- Nginxのproxy_cache_path設定
  http://nginx.org/en/docs/http/ngx_http_proxy_module.html#proxy_cache_path

[関連]
- **102**　一時的な作業ファイルは一時ファイル置き場に作成する（P.238）
- **103**　一時的な作業ファイルには絶対に競合しない名前を使う（P.239）

≫102　一時的な作業ファイルは一時ファイル置き場に作成する

> プログラミング迷子
>
> **■ 作成済みファイル一覧にゴミファイルが**
>
> 後輩W：ユーザーから、領収書PDF一覧に開けないファイルがあるって連絡が来ました。
> 先輩T：開けない？　どのファイルなのか聞いた？
> 後輩W：そのファイルを送ってもらったんですが、generated_receipt.pdfというファイル名で、1,024byteしかないんですよ。しかも、一覧ページをリロードしたらそのファイルはなくなったそうです。
> 先輩T：それ、もしかして書き込み処理中のファイルが見えちゃってたのでは。

　作成処理中の一時ファイルを最終的な保存用ディレクトリに作成してはいけません。このとき、作成の途中で別の処理がこのディレクトリにアクセスした場合、書き込みが最後まで完了したファイルと一時ファイルgenerated_receipt.pdfを同等に扱ってしまうと問題になります。最終的に保存するreceipt-20191121-133815.pdfのような名前を付けていても、書き込み中のファイルを取得されてしまうことはあるでしょう。

　また、処理が途中でエラーになった場合、作りかけのファイルの残骸が残ってしまうという別の問題が発生します。エラー時には作りかけのファイルを削除するようにファイル作成処理で対策したとしても、エラーでプロセス停止してしまう可能性もあります。

ベストプラクティス

　一時的な作業ファイルは一時ファイル置き場に作成することで、作成中ファイルへのアクセスの可能性や、エラー時の残骸問題を避けられます。一時ファイル置き場を用意した場合、定期的に不要ファイルをクリーンアップしましょう。

関連

・**103**　一時的な作業ファイルには絶対に競合しない名前を使う（P.239）

≫103　一時的な作業ファイルには絶対に競合しない名前を使う

プログラミング迷子

▎**作業用一時ファイルが競合**

後輩W：ユーザーから、領収書をダウンロードしたら別の人の内容のPDFがダウンロードされた、って連絡がありました。

先輩T：えっ、それって大事故じゃない……？　急いで調べよう。

　　　　－30分後－

後輩W：うーん、わからない。一時保存している作業用ファイルが競合してるのかと思ったけど、ちゃんとファイル名に日時を付けてるから大丈夫みたいだし……。

先輩T：ん、日時？　`receipt-20191121-133815.pdf`ってこと？　それだと1秒差以内の場合に競合するんじゃない？

後輩W：あっ。

具体的な失敗

　この問題は、一時的なファイルが競合する可能性のある名前（例`receipt-20191121-133815.pdf`）で作成されているために発生します。競合しないようにファイルの命名規則を年月日時分秒で組み立てていますが、秒レベルでの競合は考慮されていませんし、ミリ秒まで指定しても確実とは言えません。

　こういった場合、複数のユーザーの操作で1つの同じ作業ファイルに上書き保存されてしまいます。その結果、領収書ファイルをダウンロードしてみたら知らない人の領収書だった、という漏洩問題が発生します。

ベストプラクティス

　一時的な作業ファイルには絶対に競合しない名前を使いましょう。Pythonであれば`tempfile`モジュールを使ってください。

　アクセス数が少ないサービスでも、偶然タイミングが合ってしまえば競合問題は発生します。アクセス数が多ければすぐに問題が発覚するため、原因の発見は比較的簡単と言えます。しかし、アクセス数が少ない場合、問題自体が発生しづらく、原因の特定が難しくなります。また、問題に遭遇した人が教えてくれる可能性も低くなり、問題に気づくのがさらに遅れていきます。もしこのファイルがプライベートな情報を含む場合、運営者の知らないところで情報漏洩問題が起こり続けることにもなりかねません。

　tempfile.NamedTemporaryFile[30] を使えば、ファイル名の競合を避けて一時的なファイルを作成できます。

```
import tempfile
with tempfile.NamedTemporaryFile(prefix='receipt-') as f:
    f.write(data)
    send_file(f.name)

# withブロックを抜けるとファイルは自動的に削除される
```

　ファイルを削除せずに保存しておく必要がある場合は、自動的に削除されないように引数delete=Falseを指定し、後で保存パスへ移動させましょう。

```
import tempfile
with tempfile.NamedTemporaryFile(prefix='receipt-', delete=False) as f:
    f.write(data)
# withブロックを抜けてcloseされてから、保存パスへ移動させる
# ファイル名は一時的な競合しない名前になっているため、適切な保存用の名前を指定する必要がある
move_file(f.name, dest_path)
```

[関連]

・**101**　ファイルを格納するディレクトリを分散させる（P.236）
・**102**　一時的な作業ファイルは一時ファイル置き場に作成する（P.238）

≫**104**　**セッションデータの保存にはRDBかKVSを使おう**

プログラミング迷子

▌**DISKがいっぱいなので増設します**

後輩W　：/tmp のDISK容量増やすにはどうすればいいですか？
先輩T　：お、なんで /tmp の容量を増やしたいの？
後輩W　：DISK FULLエラーが出て、調べてみたら /tmp がいっぱいで書き込めなくなったみ

※30　https://docs.python.org/ja/3/library/tempfile.html#tempfile.NamedTemporaryFile

たいなので。

先輩T　：それ、先に何が/tmpの容量を食ってるか調べたほうがいいよ。たぶんセッション
　　　　じゃないかな……。

　　　　－10分後－

後輩W　：session-xxxxっていうファイルがたくさんあったので、これを消します。

先輩T　：待って待って、消したらログインしてる人に影響が出るし、消してもまた作られる
　　　　よ。それに、開発サーバーと違って本番ではサーバーが2台あるから、今のままだ
　　　　とユーザーのログイン状態が安定しないような不具合の原因になるよ。

　セッションは、ユーザーの一時的な情報を保存するのに使われます。たとえば、ユーザーのログイン状態や、ショッピングカートの内容などです。

　セッションのデータをどこに持つかは、Webアプリケーションサーバーで決めることができます。ユーザーのブラウザ上に保存したり、サーバーのファイルシステムやメモリ、データベースなどを選択可能です。DjangoなどのWebアプリケーションフレームワークをよくわからないまま使っていると、サーバーのファイルシステムにセッションを保存するように設定してしまい、セッションを格納したファイルで/tmpがいっぱいになってしまうことがあります。

　Djangoのデフォルト設定では、セッションの保存先はデータベースが利用されますが、ファイルシステムにも保存できます[31]。

```
SESSION_ENGINE = 'django.contrib.sessions.backends.file'
```

　しかし、セッションをWebアプリケーションサーバーのファイルシステムに保存することには、いくつかの問題があります。

- セッションファイル数に比例してDISKへの負荷が増える
- セッションファイルが増え続け、DISKが溢れる
- 複数のアプリケーションサーバーを多重化した場合、どちらのサーバーにセッションがあるかによってログイン状態が変わってしまう

ベストプラクティス

　セッションデータの保存には**RDB**か**KVS**を使いましょう。

　セッションを複数サーバーからアクセスできる場所に保存しておくには、いくつかの方法があります。

- **RDBに保存**：利用は手軽だが、同時書き込みの負荷が高い

※31　https://docs.djangoproject.com/ja/2.2/topics/http/sessions/#using-file-based-sessions

- KVSに保存：RedisやMemcachedを利用する。読み書きが高速で、自動削除機能がある
- ファイルシステムをNFSで共有：性能管理が難しく、NFS設定と運用のコストが高い
- ブラウザのCookieに保存：保存できるサイズの上限が4,000〜5,000byteと小さく、情報を別端末と共有できない

▶ 図4.7　セッションを格納する場所

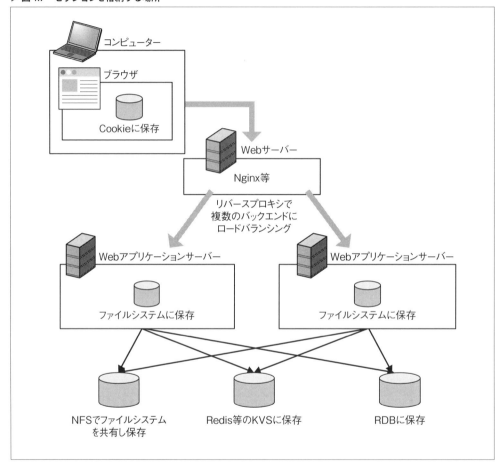

RDBにセッションを格納するには、settings.pyにSESSION_ENGINE[32]を設定します。この設定はデフォルトと同じため、指定しない場合と変わりません。

```
SESSION_ENGINE = 'django.contrib.sessions.backends.db'
```

セッションデータの置き場所としてファイルシステムよりもRDBが良い点は、複数のWebアプリケーションサーバーでセッションデータを共有できるところです。

※32　https://docs.djangoproject.com/ja/2.2/ref/settings/#std:setting-SESSION_ENGINE

　RDBに保存されたセッションデータも、時間とともに増え続けていくため、定期的なセッション削除が必要となります。そのためのコマンドとしてmanage.py clearsessions[33]コマンドが利用できます。manage.py clearsessionsは、利用期限を過ぎたセッションデータをすべて削除してくれます。このため、1日1回、このコマンドを呼び出すようにcronやsystemd.timerを設定しておくと良いでしょう。

　django-redis[34]を使ってRedisにセッションを格納するには、settings.pyに以下の設定をします。

```
CACHES = {
    "default": {
        "BACKEND": "django_redis.cache.RedisCache",
        "LOCATION": "redis://127.0.0.1:6379/1",
        "OPTIONS": {
            "CLIENT_CLASS": "django_redis.client.DefaultClient",
        }
    }
}
SESSION_ENGINE = "django.contrib.sessions.backends.cache"
SESSION_CACHE_ALIAS = "default"
```

　セッションデータの置き場所としてRedisが良い点は、利用期限を過ぎたセッションデータが自動的に削除されることです。また、セッションデータは頻繁に更新されるため、RDBに保存する場合その都度データベースへの書き込みが発生し、負荷の原因となってしまいます。KVSはデータが頻繁に更新されることを想定しているため、セッションデータの格納に向いています。

　なお、セッションに格納する情報は、万一消えてしまっても問題のないものです。セッションが消えた場合ユーザーは一旦ログアウトされることになりますが、再ログインすれば済みます。ショッピングカートの内容が消えても良いかどうかはシステムによりますが、消えても致命的ではないでしょう。消えては困る情報、たとえばユーザーの属性情報（氏名や、配送先住所など）は、セッションに入れずデータベースに格納して永続化しましょう。

[関連]

・101　ファイルを格納するディレクトリを分散させる（P.236）

※33　https://docs.djangoproject.com/ja/2.2/ref/django-admin/#clearsessions

※34　https://niwinz.github.io/django-redis/latest/

4.6

ネットワーク

≫105　127.0.0.1と0.0.0.0の違い

■アドレスは合っているのに接続できない

後輩W：開発サーバーでDjangoを起動したんですが、ブラウザでアクセスできなくて……。

先輩T：お、ブラウザでアクセスしようとしてるURLは何？

後輩W：http://192.168.99.1:8000/です。

先輩T：(http://localhost:8000/にアクセスしようとしたわけではないんだな)
　　　　じゃあ、開発サーバーでDjangoを起動したときのコマンドとそのあと表示された
　　　　内容教えてもらえる？

後輩W：こうです。

```
(venv) $ python manage.py runserver
Performing system checks...

System check identified no issues (0 silenced).
April 11, 2019 - 14:03:30
Django version 2.2, using settings 'testproj.settings'
Starting development server at http://127.0.0.1:8000/
Quit the server with CONTROL-C.
```

先輩T：あー、なるほど。その起動方法だと、そのDjangoサーバーは、実行している開発
　　　　サーバー内からしかアクセスできない状態になっているね。python manage.py
　　　　runserver 0.0.0.0:8000で起動してみて。

後輩W：こうなりました。

```
(venv) $ python manage.py runserver 0.0.0.0:8000
Performing system checks...

System check identified no issues (0 silenced).
April 11, 2019 - 14:07:53
Django version 2.2, using settings 'testproj.settings'
Starting development server at http://0.0.0.0:8000/
Quit the server with CONTROL-C.
```

先輩T　：http://192.168.99.1:8000/にアクセスするとどうなる？
後輩W　：できました！　でも0.0.0.0って何ですか？

▊ IP アドレスとポート番号

　127.0.0.1や192.168.99.1はIPアドレスです。8000はポート番号です。IPアドレスは各サーバーが持っているTCP/IP通信のための住所（アドレス）で、ポート番号はそのサーバー内で各プログラムが利用する番号です。80番ポートはHTTP通信、といったように番号によって用途が決まっているものと、Webアプリケーションサーバーのように8000や8080で起動してNginxやApacheから接続させる、慣例的によく使われる番号があります。現在の多くの通信はこのアドレスを使って行われています。

　先ほどの例では、IP127.0.0.1のポート8000を使っていました。「127.0.0.1:8000を使う」ことをバインドと言います。runserverコマンドに引数を指定しない場合、省略時のデフォルトとして、Djangoの通信は127.0.0.1:8000にバインドされます。127.0.0.1はローカルループバックという、そのコンピューター内でのみアクセス可能なネットワークインターフェースです。ローカルループバックにバインドした場合、同じコンピューター内からはhttp://127.0.0.1:8000/にアクセスしてWebアプリケーションの画面を表示できますが、コンピューター外からは接続できません。

　なお、http://127.0.0.1:8000/の代わりにhttp://localhost:8000/でも接続できます。127.0.0.1とlocalhostの違いについては**110**「hostsファイルを変更してドメイン登録と異なるIPアドレスにアクセスする」(P.258) を参照してください。

(ベストプラクティス)

　サービスを提供したいIPアドレスにバインドしましょう。

　開発サーバーや仮想マシンなど、ローカル開発環境以外で起動したWebサーバーにアクセスする場合は、どのネットワークインターフェースにバインドするか指定が必要です。コンピューター外と直接通信するには、コンピューター外との通信用ネットワークインターフェースのIPにバインドして起動します（【例】python manage.py runserver 192.168.99.1:8000）。0.0.0.0にバインドすることですべてのネットワークインターフェースと接続できます。

▶図4.8　バインド127.0.0.1

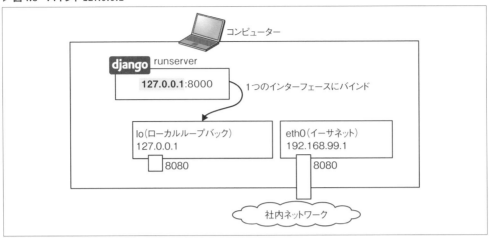

▶図4.9　バインド0.0.0.0

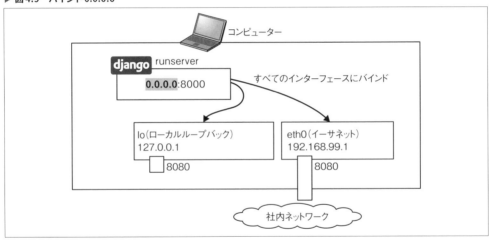

　ネットワークインターフェースの一覧は`ifconfig`や`ip addr`コマンドで確認できます。それぞれ`lo`や`eth0`といった名前がついていて、割り当てられているIPアドレスを確認可能です。外部からアクセス可能にするには、`eth0`などのコンピューター外部とつながっているネットワークインターフェースのIPアドレスを調べて、そのIPアドレスにバインドします。これで、コンピューターの外部から`http://<バインドしたアドレス>:<ポート>/`でアクセスできるようになります。

```
$ ifconfig
eth0      Link encap:Ethernet  HWaddr 02:42:AC:11:00:02
          inet addr:192.168.99.1  Bcast:192.168.99.255  Mask:255.255.255.0
          UP BROADCAST RUNNING MULTICAST  MTU:1500  Metric:1
```

```
          RX packets:9 errors:0 dropped:0 overruns:0 frame:0
          TX packets:0 errors:0 dropped:0 overruns:0 carrier:0
          collisions:0 txqueuelen:0
          RX bytes:758 (758.0 B)  TX bytes:0 (0.0 B)

lo        Link encap:Local Loopback
          inet addr:127.0.0.1  Mask:255.0.0.0
          UP LOOPBACK RUNNING  MTU:65536  Metric:1
          RX packets:0 errors:0 dropped:0 overruns:0 frame:0
          TX packets:0 errors:0 dropped:0 overruns:0 carrier:0
          collisions:0 txqueuelen:1
          RX bytes:0 (0.0 B)  TX bytes:0 (0.0 B)
```

　バインドするアドレスは1つしか指定できません。このため、コンピューターの内外どちらからもアクセスしたい場合は外向けのIPアドレスにバインドして、そのコンピューター上で同じ外向けのIPアドレスを使ってブラウザでアクセスします。

　コンピューターが複数のネットワークに接続していて、すべてのネットワークにバインドしたい場合は、特別なIPアドレス0.0.0.0を指定します。それなら常に0.0.0.0を指定するのが楽そうですが、必要なとき以外は避けるべきです。インターネットと社内の両方に接続しているコンピューターで安易に0.0.0.0を指定すると、社内側にだけ公開するつもりのサービスがインターネットに公開されてしまうことになります。あるいは、コンピューターをカフェのWifiに接続した状態で0.0.0.0にバインドして開発中のWebアプリを起動した場合、想定外の誰かがアクセスしてきて、Webアプリを見られてしまうかもしれません。ウイルスの無差別攻撃によって、開発中プログラムの脆弱性を突かれる可能性もあります。0.0.0.0にバインドしての起動は、外部からのアクセスが制限されている開発サーバーや仮想マシン内ではあまり問題になりません。個人の端末では本当に必要なときだけ指定するようにしましょう。

▶ 図4.10　0.0.0.0にバインドするとすべてのアドレスからアクセスできる

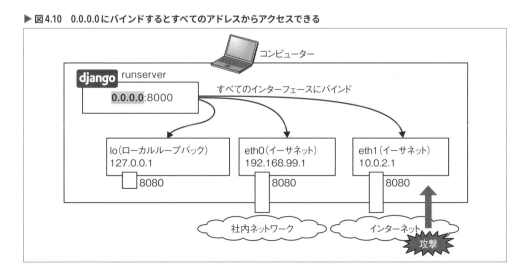

≫106　ssh port forwardingによるリモートサーバーアクセス

■インフラ迷子

後輩W：開発サーバーでDjangoを起動したんですが、ブラウザでアクセスできなくて……。

先輩T：お、以前もそんなこと言ってなかったっけ？（**105**「127.0.0.1と0.0.0.0の違い」P.244）

後輩W：はい、http://192.168.99.1:8000/でアクセスできるようになったんですが、今日は社外からアクセスができなくて……。

先輩T：あー、社外。http://192.168.99.1:8000/は社内のアドレスだから、社外からはつながらないですね。

後輩W：Tさんは社外からいつもどうやってつないでるんですか？

先輩T：ssh port forwardingを使ってるよ。開発サーバーにssh接続はできてるよね？

後輩W：はい、それはできてます。

先輩T：じゃあそのssh接続のときのコマンドに-L 8000:localhost:8000っていうオプションをつけてssh接続してみて。

後輩W：しました。

先輩T：http://localhost:8000/にアクセスするとどうなる？

後輩W：できました！

ベストプラクティス

　ssh port forwardingは、ssh接続を利用して、外部のネットワークから直接通信できないポートへの接続を可能にする技術です。対象のサーバーと直接http通信できない場合であっても、そのサーバーにssh接続できるのであれば、ssh port forwardingで任意のポートと通信できます。

　以下のコマンドは、ssh port forwardを行っている例です。

```
$ ssh server.example.com -L 8000:localhost:80
```

　このコマンドでのsshの接続先はserver.example.comです。接続元PCのポート8000を接続先のserver.example.comから見てlocalhost:80に接続するようにトンネルを作成します。

▶図4.11　ssh port forwardingのイメージ

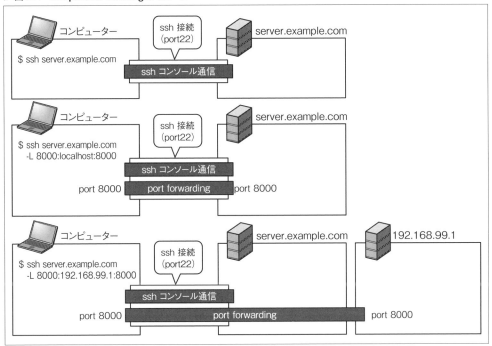

　接続先から見て別のサーバーに接続させたい場合もあります。開発サーバー192.168.99.1には直接ssh接続できないけれど、ゲートウェイとなるサーバーserver.example.comには接続できる、という場合は、次のように指定します。

```
$ ssh server.example.com -L 8000:192.168.99.1:8000
```

　これで、手元のブラウザでlocalhost:8000にアクセスすれば、192.168.99.1:8000へ接続されます。

　ssh port forwardingは便利な機能ですが、セキュリティー上の必要があって対象サーバーを公開していない場合もあるため、むやみに接続するのはやめましょう。ウイルスや攻撃への対策を別のサーバーで行っていて、対象サーバー自体は対策されていない場合などが考えられます。こういった環境に対してssh port forwardingを行うと、そのサーバーの運用者の意図した安全性が回避されてしまい、問題となる場合があります。また、こういったサーバーでは、設定でssh port forwarding自体が禁止されている場合があり、ssh接続自体はできてもport forwardingされません。

≫107　リバースプロキシ

■ リバースプロキシって何ですか？

後輩W ：Django を Gunicorn で起動してるんですが、ページの表示が重い気がするんです。アクセスがちょっと増えただけでサーバーの負荷もけっこう高くなってしまうし……。サーバースペック上げたほうが良いんでしょうか？

先輩T ：どれどれ……あれ、Gunicorn を直接ネットに公開してるの？　これだと静的ファイルも全部 Django で処理するから、CPU とメモリにかなり負荷がかかるね。Web サーバーを立ててリバースプロキシするべきだよ。

後輩W ：リバースプロキシ……？って何ですか？

先輩T ：Web サーバーで受け取ったリクエストをバックエンドの Gunicorn に渡すやつがリバースプロキシだよ。セキュリティーの観点からも、フロントの Web サーバーを立てよう。

　Web アプリケーションサーバー（Gunicorn + Django）を直接ネットに公開した場合、すべてのHTTPリクエストを Gunicorn + Django で処理して返すことになります。この構成の場合、Djangoはリクエストされた画面だけでなく、その画面を表示するのに必要な CSS や JavaScript、画像など、動的に処理する必要がない静的ファイルについてもファイル1つ毎にリクエストを受けて、返します。リクエストを受けたページで、CSS ファイルを5個、JavaScript ファイルを5個、画像を5個、利用している場合、ブラウザからはページ本体以外に15回のリクエストが送られます。こういった静的ファイルのリクエストをすべて Python 等のプログラムで処理すると、どうしても時間がかかってしまいます。

　また、インターネットでは Web サイトに対してロングポーリング※35 や巨大なリクエストを送りつける※36 といった多種多様な攻撃が日々繰り返されています。こういった攻撃に対抗する仕組みは Gunicorn や Django では提供されていません。

［ ベストプラクティス ］

　Web サーバーとして Apache や Nginx などを設置し、Web アプリケーションサーバーにリバースプロキシで接続しましょう。

※35　リクエストデータを1秒に1文字といった低速でサーバーに送信するリクエストを複数同時に行い、サーバー側の同時接続数を溢れさせ、他の利用者がサービスを利用できなくする攻撃。

※36　数百 MB、数 GB といった巨大なリクエストをサーバーに送信することで、サーバーのメモリを溢れさせる攻撃。

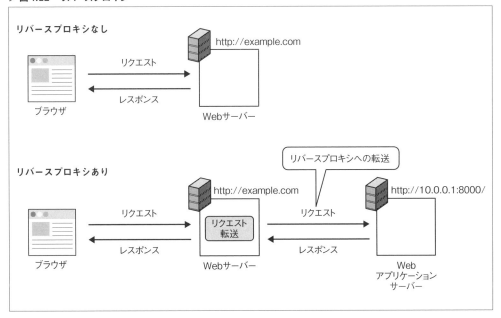

▶図4.12　リバースプロキシ

Webアプリケーションサーバーは、URLパラメータやログイン状態などによって、画面に表示する内容を変更します。ブラウザからのリクエストはDjangoなどのプログラムで処理して、ブラウザへのレスポンスを作成します。Webアプリケーションサーバーは複数のリクエストを同時に処理するため複数のプロセスを起動しますが、Pythonの場合1プロセスで使用するメモリ量が比較的大きい（フットプリントが大きい）ため、1つのサーバーで起動できる数がメモリ量によって制限されます。このため、Webアプリケーションサーバーで処理するリクエスト数は少なければ少ないほど良い、ということになります。

　そこで、静的ファイルなど、プログラム処理が不要なリクエストを別のプログラムで行うようにサーバーを構成します。ApacheやNginxといったWebサーバーであれば、Gunicorn + DjangoのようなWebアプリケーションサーバーに比べて数十倍〜数百倍の速度で静的ファイルを配信できます。メモリ使用量もPythonに比べて少なく、並列度も非常に高いため、静的ファイルの配信をWebサーバーに任せれば、Webアプリケーションサーバーの負荷をかなり下げられます。

　Webサーバーには外部からの攻撃を低減させるための仕組みもあります。たとえば、ロングポーリングに対しては`client_body_timeout`や`client_header_timeout`といった設定でリクエストを受け取る時間の上限の設定が可能です。

　WebサーバーとWebアプリケーションサーバーを組み合わせる場合、まずすべてのリクエストをWebサーバーで受け取り、必要なリクエストだけをWebアプリケーションサーバーに転送します。Webサーバーは、ブラウザからのリクエストを受けたら、バックエンドにいる処理待ち状

態のWebアプリケーションサーバーに対してリクエストを転送します。また、Webアプリケーションサーバーからのレスポンスを受け取って、もともとリクエストを送信してきたブラウザへ返します。

▶ 図4.13　プロキシとリバースプロキシ

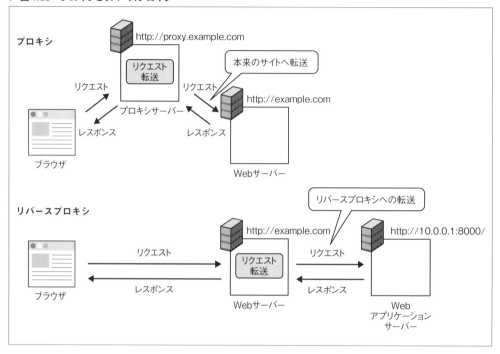

このような、受け取ったリクエストを他のサーバーに転送するサーバーのことをプロキシサーバー（代理サーバー）、転送することをリクエスト転送と呼びます。当初「プロキシ」と言った場合、企業などのオフィス内からインターネットにアクセスする際に経由するプロキシのことを指していました。しかしその後、ここまで紹介したようにサーバー内で受け取る側も「プロキシ」を使うようになりました。このため、名称の混乱を避けるために「リクエストを送る側が使うプロキシ」「リクエストを受ける側が使うリバースプロキシ」と呼び分けています。

COLUMN

▌プロキシ転送によるHOSTとIPアドレスの付け替え

　リクエストをプロキシ転送すると、リクエスト元のIPアドレスはプロキシサーバーのものになります。これは、「プロキシ」でも「リバースプロキシ」でも同様です。「プロキシ」の場合、アクセス元のIPアドレスが付け替えられてしまっても問題ありませんが、「リバースプロキシ」では問題になります。たとえば、アクセス元IPアドレスによってログイン処理を変更したいサービスの場合、リバースプロキシによってアクセス元IPがすべて「Webサーバー」のIPになってしまっては困ります。そこで、プロキシからのリクエスト転送時にX-

FORWARDED-FOR[37]ヘッダーで元のアクセス元IPアドレスを渡すことで、Webアプリケーションサーバー側で本当のIPアドレスがわかるようにしましょう、という決まりができました。

　また、WebサーバーからWebアプリケーションサーバーへのリクエスト転送時には、公開されているURLではなく、内部のアドレスを使ってリクエストを送信します。このため、Webアプリケーションサーバーでドメイン名を含む完全なURLを組み立てようとすると、内部のアドレスを使って組み立ててしまいます。この問題を解決するために、プロキシからのリクエスト転送時にX-FORWARDED-HOST[38]、X-FORWARDED-PROTO[39]ヘッダーで元のホスト名と通信方式を渡しましょう、という決まりができました。

　Djangoはこれら3つのヘッダーを使ってアクセス元のIPアドレスを把握したり、組み立てるURLを調整する仕組みを持っています。

　なお、ヘッダーに付いているX-は独自仕様という意味です。これら3つのヘッダーは独自仕様でしたが、デファクトスタンダードとして長い間利用されてきました。その後、RFC 7239[40]でForwarded[41]ヘッダーとして仕様化されました。

【関連】

・**93**　サービスマネージャーでプロセスを管理する（P.219）

≫ 108　Unixドメインソケットによるリバースプロキシ接続

> プログラミング迷子

■ 謎のファイル .sock

後輩W：Nginxから`unix:/var/run/gunicorn.sock`と指定する手順だったので指定したけれど、`No such file or directory`というエラーが出ました。`ls /var/run/`してみたらファイルがなかったので別の環境から`gunicorn.sock`をコピーしてきたけど、動きません。

先輩T：おっと、`gunicorn.sock`はファイルじゃないからコピーで持ってきてもだめだぞ。

後輩W：ファイルじゃない？？

先輩T：たぶん、Gunicornが`gunicorn.sock`を用意する構成だと思うけど、Gunicornの起動コマンドオプションはどうなってる？

後輩W：systemdで`gunicorn -b 0.0.0.0:8000 apps.wsgi:application`になってます。

先輩T：なるほど、それだとGunicornはTCP 8000で待ち受けしてるのにNginxがUnixドメインソケットでリバースプロキシ接続しようとしてエラーになってるんだね。

※37　https://developer.mozilla.org/ja/docs/Web/HTTP/Headers/X-Forwarded-For

※38　https://developer.mozilla.org/ja/docs/Web/HTTP/Headers/X-Forwarded-Host

※39　https://developer.mozilla.org/ja/docs/Web/HTTP/Headers/X-Forwarded-Proto

※40　https://tools.ietf.org/html/rfc7239

※41　https://developer.mozilla.org/ja/docs/Web/HTTP/Headers/Forwarded

　Nginxから接続先に指定している gunicorn.sock は通常のファイルではなく、Unixドメイン
ソケットです。Unixドメインソケットは通常のファイルのように、ファイルオープンして読み書
きできるものではありません。このため、他の環境からコピーして持ってきたり、touch等で作
ることはできません。

　この例では、「ネットワーク通信はIPアドレスとポート番号で行うものだ」と思い込んでしまい、
Gunicornの設定を間違えたようです。さらに、「ファイルシステム上に見えているファイルはコ
ピーできる」という思い込みも重なり、二重に間違えてしまっています。

ベストプラクティス

　WebサーバーとWebアプリケーションサーバーの通信方式を合わせましょう。可能なら、TCP
よりも高速なUnixドメインソケットによるリバースプロキシ接続を使用しましょう。

　Unixドメインソケットはソケット[42]の一種で、ネットワーク通信で使います。ソケットには、
Unixドメインソケットの他に、TCP/IPやUDPなどがあります。ソケット通信を行うには、TCP/
IP通信であれば<IP>:<PORT>を使用しますが、Unixドメインソケットによる通信では、ファイ
ルパスを使用します[43]。待ち受け側と接続側の両方でこのファイルパスを使うことで、ソケット
通信ができるようになっています。

　GunicornでUnixドメインソケットをバインドする場合、Gunicornの-bオプション[44]で指定
します。

```
gunicorn -b unix:/var/run/gunicorn.sock apps.wsgi:application
```

　これで、/var/run/gunicorn.sockというUnixドメインソケットが作成され、Nginxからの
ネットワーク通信の接続先として利用できるようになります。

　Unixドメインソケットを使うメリットは、サーバー内に閉じた通信を高速に行えるところにあ
ります。また、ファイルパスを使うことによって、異なるディレクトリごとにgunicorn.sockを
作ることができ、Webアプリケーションのソースコードを新しいものに入れ替えるときに、活用
できます。古いアプリのUnixドメインソケットを/var/www/app20181220/gunicorn.sockと
して、新しいアプリは/var/www/app20190410/gunicorn.sockのようにすれば、新旧アプリ
を両方とも実行状態にできるため、Nginxからリバースプロキシする先のUnixドメインソケット
のパスを切り替えてgraceful reloadすれば、ダウンタイムなしで新アプリに切り替えられます。

---

[42] https://docs.python.org/ja/3/howto/sockets.html

[43] 他に、無名ソケットや、抽象名前空間を使ったソケットをバインドできます。詳しくは次のページを参照してください：https://linuxjm.
osdn.jp/html/LDP_man-pages/man7/unix.7.html

[44] http://docs.gunicorn.org/en/stable/settings.html#bind

COLUMN

ファイルではないファイル

以下のコードを実行すると、Unixドメインソケット /tmp/test.sock が作成されます。

▶ **リスト4.11　server.py**

```python
import socket
s = socket.socket(socket.AF_UNIX)
s.bind('/tmp/test.sock')
```

server.pyを実行中に、/tmp/test.sockの様子を確認してみましょう。lsコマンドとfileコマンドで以下のように確認できます。

```
$ ls -laF /tmp/test.sock
srwxr-xr-x  1 user  wheel  0  4 10 16:19 /tmp/test.sock=

$ file /tmp/test.sock
/tmp/test.sock: socket
```

末尾に=が付いてるファイルはUnixドメインソケットです。ls -Fでは「Unixドメインソケットであること」がわかるように=記号が表示されていますが、これはファイル名の一部ではありません。ファイルシステムをよく観察してみると、他にもいくつか同じようなファイルがあることがわかります。末尾に@が付いているファイルはシンボリックリンクです。

```
$ ls -lF /var/run
...
lrwxr-xr-x  1 user      user                72  4  3 01:47 docker.sock@ -> /path/↵
to/docker.sock
...
srw-rw-rw-  1 root      daemon               0  4  3 00:54 syslog=
-rw-r--r--@ 1 root      daemon               3  4  3 00:54 syslog.pid
...
```

≫109　不正なドメイン名でのアクセスを拒否する

プログラミング迷子

IPアドレス宛の無差別攻撃

後輩W ：Djangoでエラーが起きて Invalid HTTP_HOST header: '91.92.66.124'. You may need to add '91.92.66.124' to ALLOWED_HOSTS. というタイトルのメールがたくさん届くんですけど、どうしたらいいんでしょう？

先輩T ：なるほど、botがIPアドレス直でアクセスしに来てるんだね。どうすれば良いと思う？

後輩W：調べてみます……そのIPアドレスにブラウザでアクセスすると403エラーになって
　　　　エラーが再現するので、アクセスできるようにsettings.pyのALLOWED_HOSTSに
　　　　91.92.66.124を加えればよさそうです。

先輩T：それはちょっと安直だね。Djangoの公式ドキュメントにはALLOWED_HOSTSの目的
　　　　が詳しく書いてあるよ[45]。

後輩W：読みます……なるほど、ALLOWED_HOSTSは攻撃を防ぐためにあるから、アクセス
　　　　許可するのは悪手ってことですね。エラーメール通知を完全にオフにするのは良く
　　　　なさそうだし、今はエラーメールが多いと言っても日に10通程度なのでこのままに
　　　　しておくのが良さそうです。

先輩T：それだと対応が必要なエラー通知が埋もれちゃうだろうね。それに不要なアクセス
　　　　がDjangoまで届いているのも良くないよ。

　エラーメッセージには、多くの場合エラーの直接の原因が書かれています。しかし、この
ALLOWED_HOSTSのケースでは指示通りに対処すると、かえって問題を深刻にしていまいます。

具体的な失敗

　インターネット上では、ウイルスやbotなどによってすべてのIPアドレスに対して無差別に攻
撃が行われています。ALLOWED_HOSTSはそのような攻撃を防ぐことが目的の設定なため、エラー
メッセージでYou may need to add '91.92.66.124'と言われたからといって安直に追加し
てはいけません。また、こういった攻撃の中には、IPアドレスではなく本来とは異なるドメイン
名でアクセスすることでプログラムの脆弱性を突いて侵入しようとするケースもあります。発生
件数が少ないからといってエラーを放置してしまうとDjangoアプリが攻撃に晒され、たとえ攻
撃が無効だとしてもDjangoでのリクエスト処理でサーバーリソースが占有されてしまいます。

　また、1日に届くエラー通知が10件もある中から対処が必要なエラーを見分けるのは現実的な
運用とは言えません。数日のうちにエラー通知の確認が後回しになり、致命的なエラーが発生し
ても気づけなくなります。

　Webサーバーには外部からの攻撃を低減させるための仕組みがありますが、ただ設置している
だけでは今回の問題は防げません。たとえばNginxを以下のように設定していると、不正なドメ
イン名でのアクセスがWebアプリケーションサーバーに渡されてしまいます。

▶ **リスト4.12　bad-nginx.conf**

```
server {
    listen 80;
    server_name app.example.com;
    location / {
        proxy_pass http://webapp:8000/;
    }
```

---

[45]　https://docs.djangoproject.com/ja/2.2/ref/settings/#allowed-hosts

```
    }
```

　この設定ではserver_name app.example.comのように正式なドメイン名を明示的に設定しています。しかし、Nginxはアクセスされたドメイン名が設定上に見つからない場合、最初のserverディレクティブでアクセスを処理します。このため、すべての不正なドメイン名へのアクセスはhttp://webapp:8000/へ転送されてしまいます。

> ベストプラクティス

　不正なドメイン名でのアクセスを拒否するように、Webサーバーの名前ベースのバーチャルホストを設定しましょう。攻撃がDjangoまで届かないようにWebサーバーを設定することで、サーバーリソースの浪費や不要なエラーメール通知がなくなり、未知の脆弱性を突かれるといったセキュリティーリスクを避けられます。

　公開しているサービスであれば、通常の利用者がブラウザのURLにIPアドレスを指定することはありません。このため、サービスの正式なドメイン名以外のアクセスは拒否しても問題ないでしょう。

　名前ベースのバーチャルホストは、1つのWebサーバーで複数のドメイン名を扱うための仕組みです。たとえば、あるサービスの3つのドメインapp.example.com、api.example.com、docs.example.comへのアクセスを1つのWebサーバーで受け取り、実際の処理はそれぞれ異なるWebアプリケーションサーバーに行わせたい場合に使用します。ApacheではVirtualHostディレクティブ[46]を使用します。Nginxではserverディレクティブ[47]を使用します。

　Nginxでは以下のように設定します。

▶ リスト4.13　good-nginx.conf

```
server {
    listen 80 default_server;
    return 444;
}
server {
    listen 80;
    server_name app.example.com;
    location / {
        proxy_pass http://webapp:8000/;
    }
}
```

　この設定ではlisten 80 default_serverという設定を持ったserverディレクティブを追加して、不正なドメイン名へのアクセスをすべてここで受け取るようにしています。そして、

※46　https://httpd.apache.org/docs/2.4/ja/vhosts/name-based.html

※47　http://nginx.org/en/docs/http/request_processing.html

`return 444;`によって、Nginxがリクエスト元にレスポンスを返さずに即座に通信を切断するように指示しています。これによって、不正なリクエストがwebappサーバーへ届かないようにしたうえで、リクエスト元との通信帯域も節約できます。

[関連]
- **33**　公式ドキュメントを読もう（P.77）
- **107**　リバースプロキシ（P.250）

≫110　hostsファイルを変更してドメイン登録と異なる IPアドレスにアクセスする

プログラミング迷子

名前ベースのバーチャルホストを設定したらssh port forwarding経由でアクセスできなくなった

後輩W：ssh port forwardingでlocalhostの8000番ポートを開発サーバーの80番ポートに転送したんですが、ブラウザから、`http://localhost:8000/`にアクセスしてもサイトが表示されませんでした。

先輩T：Nginxの設定で`localhost`が不正なドメイン名として扱われてるんじゃない？

後輩W：正しいURLは`http://app.example.com/`ですけど、今はIP制限しているので社外からはアクセスできないんです。こういう場合、どうすればいいですか？

先輩T：端末のhostsファイルを変更して、ドメインのIPを指定すれば良いよ。

ssh port forwardingはlocalhostのポートへのアクセスを転送する仕組みです。このため、ブラウザで転送先のサーバーにアクセスしようとした場合、ドメイン名はlocalhostを指定する必要があります。しかし、通常そのような正式名以外のドメイン名でのアクセスは拒否するよう設定されています。

[ベストプラクティス]

hostsファイルを変更して、ドメイン名に任意のIPアドレスを関連づけます。hostsファイルはDNSよりも先に参照される、IPアドレスとドメイン名の対応を記載したテキストファイルです。今回の例では、以下の内容を`/etc/hosts`ファイルに追記します[48]。

▶ **リスト4.14　/etc/hosts**

```
127.0.0.1 app.example.com
```

※48　Windowsでは`C:\Windows\System32\drivers\etc\hosts`にあります。

　これで、app.example.comへの通信はIPアドレス127.0.0.1へ送信され、ssh port forwarding経由でサーバーへリクエストが送られます。このように閉じられた環境のWebサイトにアクセスするときに使うと便利です。

　/etc/hostsを変更すれば、存在しないドメインの定義も行えます。この方法で、DNSに登録される前に正式なドメイン名を使った動作確認をしたり、DNSの切り替え検証などに利用できます。

COLUMN

■ sshダイナミック転送によるSOCKSプロキシ

　SOCKSプロキシを使えば、hostsファイルを編集せずに同じようなことが実現可能です。ブラウザのプロキシ設定にはSOCKSという指定方法があり、sshのダイナミック転送は、このSOCKSと互換性があります。以下のコマンドを実行すると、1080番ポートをSOCKSプロキシとして利用できるようになります。

```
$ ssh server.example.com -D 1080
```

　これで、ブラウザからのリクエストをssh接続先経由で送信できようになるため、IP制限されているWebサーバーへのアクセスが可能になります。また、DNSの参照もSOCKS経由で行うようにブラウザを設定すれば、ドメインのIPが閉じられた環境内でしか提供されていない場合にもssh接続先経由で引けるようになります[49]。

　Safari、Google Chrome、Microsoft Edge、Internet ExplorerなどはOSの通信設定を利用しており、Proxy設定の変更はOSの通信全体に影響します。OS自体のセキュリティーアップデートやさまざまなツールの通信すべてがProxy経由で行われるため、注意してください。FirefoxはProxy通信設定がOSの設定から独立しているため、ここで紹介したような一時的な開発用途であれば、Firefoxを利用するのが良いでしょう。

関連

- **106**　ssh port forwardingによるリモートサーバーアクセス（P.248）
- **109**　不正なドメイン名でのアクセスを拒否する（P.255）

※49　Firefoxの場合、URLにabout:configを指定し、network.proxy.socks_remote_dnsをtrueに設定します。

やることの明確化

5.1

要件定義

≫111　いきなり作り始めてはいけない

　何かを作ろう！　と意気込むとき、まずエディターを起動していませんか？　それでは不要な機能を増やしたり、大きな手戻りが発生します。

具体的な失敗

　何かWebアプリケーションを作ろうと考えたとき、すぐに使う技術や細かい仕様に注目しがちです。

- 作りたいWebアプリケーションではソーシャルログインでTwitter、GitHub、Google、Amazonに対応させようと考えた。実装に1ヶ月かかったけど、サービスのメインになる機能はまだ1つもできていない。でも実際はリリース当初は限られた人しか使わないので、ソーシャルログインは不要だった。
- 作りたいWebアプリケーションは、スマホアプリとWebサービス両対応をしたいと考えた。でもWebアプリのメインターゲットは日中の会社員なので、最初はWebだけで十分だった。
- 商品のレコメンドやオススメを、協調フィルタリングやディープラーニングで実現しようとした。でも最初のリリース時には商品の数や種類が少ないので、サイト運営者が選んだ「月間のオススメ商品」を表示すれば十分だった。
- 同じ商品でも色、サイズ違いが選べる機能を作ろうとした。でも最初に扱う商品には色、サイズ違いがある商品はほとんどなかった。まずは色、サイズ違いがあっても数種類なので別の商品として扱えば十分だった。

　サービスの構想やビジョン、生み出したい価値を練る前に、このような細かい仕様や技術にこだわりすぎていませんか？　勢いでプログラムを開始して、よくわからない実験場と化したことはありませんか？　それらはすべて時間の無駄になってしまいます。

ベストプラクティス

　エディターを開かないことが大切です。なぜエディターを開いてはいけないのでしょうか？

頭の中には作りたいもののイメージがあることでしょう。今すぐにでもプログラミングを始めるのが賢明なように思えます。ですがそうしてはいけません。「作りたいもののイメージは単なる幻想だから」です。

　頭の中にあるイメージはとてもすばらしいものですが、多くの場合は曖昧で、触れられない、価値を検証できないものです。それを一旦書き出して、情報を整理する方法を知る必要があります。整理していく中で作るものがより明確になり自分でも気づかない価値を発見できます。

- 作るものをまとめて検証することで、作り始めたあとの手戻りを防ぐ
- 作るものをまとめて明確にすることで、作り始めたあとに迷子になるのを防ぐ
- 作るものをまとめて作業を見積もることで、最小のコストで最大の成果を得られるものから作り始められる

　実際には作ってみるまで価値はわかりません。ですが、何かを作るのはとても高コストです。イメージを先に検証することで、価値をできる限り検証したうえでプログラミングができます。

　大切なのは**ものを作る流れを知ること**です。実際にプログラムを書き始める前に「価値検証」をすること、「設計」をすることが大切です。

- イメージや用語、価値を書き出す
    - 実現したいビジョン、生み出したい価値を書き出し、検証する（112「作りたい価値から考える」P.263参照）
- システム構成やモデルなど大局的な設計をする
    - 価値を実現するためにどのようなシステムが必要かをまとめる
- アプリケーション、プログラムを設計する
- プログラムを作る、育てていく
- プログラムをテスト、レビューする

　すぐにプログラムを書こうとするのはやめましょう。技術調査もやめましょう。気持ちや技術先行で作り始めても、迷子になったり大きな手戻りが発生するので無駄になってしまいます。いろいろ考えたりまとめたりすることは時間がかかっているように感じますが、大きな手戻りが発生したり価値そのものを見失うリスクに比べれば小さいと考えましょう。

≫112　作りたい価値から考える

　「いきなり作り始めてはいけない」と説明しましたが、では何から始めるべきなのでしょうか？「頭の中に構想はあるので、私には不要だ」と思われるかもしれませんが、意外にも人の脳みそというのは不十分なものです。

価値を考えて書き出すことで、客観的に分析する方法を説明します。

具体的な失敗

- 作ったは良いが、誰にも必要のないものだった
- 流行りのものを開発してみるが、本質的に「求められる」ものは作れずヒットしない
- 各チームメンバーは作るべきものをわかっているつもりだったけれど、それぞれの見解は別だった

こういった失敗はよくあることです。共通点は、作ったあとに間違いに気づいてしまうことです。本当に価値があるかどうかは作る前にはわかりません。ですが、作る前にも気づけた問題はあるはずです。どうすれば「作ったあとに必要ないと気づく」確率を減らせるでしょうか？

ベストプラクティス

作りたい価値から考えましょう。ここでは「価値」を、「ある人が嬉しいと感じること」とします。何かをプログラムする前に、それが誰にとって、どう嬉しいかを考えることが大切です。いきなりプログラムしたり、画面設計や要件定義をしようとすると、なぜ作るべきなのか、何を作るべきなのかを見失いがちです。

以下の「価値問診票」の質問に答えて、作りたい価値をまず明らかにしましょう。

● 質問 1. どんな痛みを解決するもの？

これから作りたいものは、どんな問題や痛みを解消するものですか？　本質的な解決すべき課題や満たすべき要望を明確にしない限り、その解決策（Web アプリケーションなど）を作っても無駄になってしまうのでとても大切です。

たとえば問題や痛みには以下のようなものがあります。

- 仕事に集中していたいのにお昼ごはんを食べる必要がある
- ランチのために出かけるのがめんどう
- 食べるものを決めるのもめんどう
- 毎日同じ場所で食べるには飽きてしまった

要望や痛みは、人間の本質的な欲求、怠惰、不安が根本にあります。解決する要望、痛みの中に、以下のような人間の本質を見出しましょう。

- めんどうである
  - 買いに行くのがめんどう
  - 人と話すのが億劫だ

- **不安**
    - 自分がいつ事故にあって働けなくなるかわからない
    - 自分のスキルが5年後にも通用するかわからない
- **（時間、お金を）無駄にしたくない**
    - チームメンバーに効率的に仕事をしてほしい
    - せっかくお金をかけて海外旅行に行くのに台なしにしたくない
- **強くなりたい、自分を磨きたい**
    - より効率的に仕事をしたい
    - いつまでも若々しくありたい
- **共有したい、自分を知ってほしい**
    - 自分が食べているものが美味しいと知ってほしい
    - 自分の悩みや言葉を単に聞いてくれる人がほしい

　本書を読んでいる方には、自分が成長して良いプログラムを作れるようになりたい気持ちや、手戻りに発生する無駄な時間をなくしたいという気持ち、チームメンバーを育てて仕事をこなしてほしい気持ちがあるかもしれません。

● 質問2. 痛みの大きさや頻度は？

　「要望」「痛み」と言ったときに、その**程度**はどれほどのものでしょうか。たしかに要望があるかもしれませんが、それがあまりにも些細な場合は解決する意味がありません。

- **要望や痛みの大きさは？**
    - 麻酔が必要：とてもほしい／死ぬほどの痛みがある
    - 頭痛薬がほしい：強くほしい／つらい痛み
    - ビタミン剤を取ろうかな：あればうれしい／気になる程度
- **要望や痛みの頻度はどのくらい？**
    - 毎日
    - 毎週
    - 毎月

　「ランチを選ぶのがめんどう」という痛み1つであれば頻度は毎日ですが、大きさは「あればうれしい」程度です。ただ「外に行くのもめんどう」や「オフィス近くの食事は飽きてしまった」のような痛みを併せることで解決する意味が出てきます。

　たとえば「確定申告をしないといけない、できないしめんどうだ」という悩みは「かなりつらい痛み」ですが、頻度は毎年1回しかありません。ですが、「日々の経理処理がめんどう」「レシートを管理しきれない」のような悩みもあるのではないか？　と考えれば、軽微であれ日々の痛み

としても同時に解決できそうです。

　どれだけ作りたいものに大きな価値があるのかは考え直せます。何かを作るには少なからずコストがかかります。費用対効果が大きいものから作るようにしましょう。

● 質問3. 誰の要望、痛み？

　要望や痛みの本質、程度を見極める中で**誰の悩みなのか**の像が徐々に浮かび上がってくるでしょう。その「お客様」を次に明確にして書いておきましょう。いちばん大切なのは、**使う人の要望、痛みに共感すること**です。ありありとその人が使う姿、ストーリーが想像できるのが大切です。

　具体的に一番喜びそうな1人が思いつくことが理想です。さらに言うと自分や自分たちの組織であれば最良です。なぜなら、作る人自身が使う人の要望、悩み、痛み、ストーリーに強く強く共感できるからです。

- 同僚の中村さん：いつもお昼ご飯の食べる場所を決めかねていて、仕事も忙しそう。集中できるようにしてあげたい（⇒ 何か良い解決策を用意してあげられないか？）
- 取引先のチームリーダー鈴木さん：いつもとてもお忙しそうだ。こんな悩みがありそうで大変そうだ（⇒ こんなものを作れば助けられるのではないか？）

　もし具体的な1人がわからない場合にも、どんな人がどういう場合に困るのかをSNSで調べてみたり、知り合いに悩みを聞いてみると良いかもしれません。

　だいたいの年齢やWeb、スマートフォンにどれくらい慣れ親しんでいる人かもわかると、今後の機能やユーザーインターフェースを決める際の助けになります。

- Web画面を使ったときに理解できるか
    - チュートリアル用のページが必要か
    - たとえば「ハンバーガーアイコン」を単に表示して理解してもらえるか
- 普段はPCを使うのか、スマートフォンを使うのか
- 支払いの方法は何が良いか
    - 個人のクレジットカードを持っているか
    - 請求書のやり取りのほうが良いのか

　以上に答えることで、「自分たちの生み出したい価値は何か」を見える化しましょう。見える化することで、共有、検証しやすくなります。ぜひ顔を合わせて話し合いながら書き出してください。

　「なぜ作る意味があるのか」を書き出しておく理由は4つあります。

・思考を書き出すことで曖昧な理解が明確になる

・手戻りを避け、無駄な作業、コストをなくす

・中心的な価値に集中して作り、最小で最大の価値があるものから作る

・チームのメンバーと何を作るかを共有して、認識のズレをなくす

それらを書き出しておかないと「自分の都合の良いようにビジョンや進むべき道を変えてしまう」おそれがあります。たとえば「この新しい技術を使ってみたい」という気持ちが、「ユーザーさんはこういう機能がほしいのではないか」と都合の良いように解釈を捻じ曲げてしまうことはよくあります。使う人の課題や痛みに定期的に立ち返るようにしましょう。使う人が求めていない機能や仕様を、作り手の都合で作ってはいけません。

「今使っているちゃぶ台だと仕事中に腰が痛くなってしまう」という課題を解決しようとしていたのに、「昇降機能付きスタンディングデスク」や「天然杉製のデスク」がほしくなったりすることは誰しもあると思います。デスクチェアーの「リクライニング機能があるかないか」「ロッキング機能があるかないか」「色は何色が良いか」といった本質的でない検討事項に人はすぐ陥ってしまいます。そうならないように、自分の抱えている課題、求めている机の寸法、置く場所の広さ（制約条件）や値段（コスト）を忘れないように書き出そう、というのがこの価値問診票の意味です。

本書では価値問診票という書き方を提案しましたが、作りたいもの、実現したい価値を書き出す方法であれば他にどんなものでもかまいません。以下の方法を使っても、製品、ビジネスや戦略の価値を検証できます。

・匠メソッド
  http://www.takumi-method.biz/
・Marketing For Developers
  https://devmarketing.xyz/
・リーン顧客開発
  https://www.oreilly.co.jp/books/9784873117218/
・ストーリーとしての競争戦略
  https://store.toyokeizai.net/books/9784492532706/

≫113　100%の要件定義を目指さない

作るものの要件を決めようとして、決めきれず仕様が曖昧になったことはありませんか？　そのまま無理に書き出して、結果良いものにならないことはよくあるかと思います。

具体的な失敗

仕様を決めるとき、はじめから良い答えを求めすぎると失敗しやすいでしょう。

- 決まっていないことを書き出す勇気が出ずに、何も書けなかった
- 100％の要件定義を目指したが、実際に作ったあとは不要な機能だった

ベストプラクティス

要件の確度を意識、明記しながら書きましょう。

要件定義はどのようなものを作るのか、何を作るのかを明確にするために書き出されます。最終的には（ソフトウェアなので）プログラムのソースコードがわかりやすい成果物になります。

ですがいきなり最終的な成果物を作ろうとすると迷子になってしまいます。たとえば大阪から（行ったことのない）東京に行くために、何も計画せず、考えずに車を発進させるようなものです（人間味のあるドラマは生まれるかもしれませんが）。

その最終的な成果物、価値の実現のために、より抽象的で高い視点から計画、決定していくことが大切です。

- 作りたいもの（論理）の決定：要件定義
  - 使う人にとっての価値（良さ）を高めるため
  - 価値のないものを作って手戻りになることを防ぐため
- どう作るか（物理）の決定：システム、機能設計
  - プログラムしたあとに使えないと気づく手戻りを少なくするため
  - 全体を俯瞰することで保守性、可読性、安定性を高めるため

要件定義や設計では最初から100％の正解を求めてはいけません。なぜなら、まだ要件は机上の空論にすぎないからです。

要件は作りながら徐々に変えていって問題ありません。ですが、今の計画が「何％くらい確かなものか」（確度）は意識しておきましょう。要件定義をまとめているドキュメントに、「下書き中」なのか「決定」なのかを書いておくと良いでしょう。次の段階（より具体的な作業）に進んで問題ない（将来的な手戻りが少ない）レベルの設計であれば十分です。

はじめから100％を目指さずに、重要な場所から仕様を決め、あとは必要に応じて変えていくと要件定義がうまく機能します。

5.2

画面モックアップ

≫114　文字だけで伝えず、画像や画面で伝える

　画面の仕様を決める（要件定義をする）ときに、「仕様を文章で書いたは良いが他の人に伝わらない」ということがよくあります。どうすればより他の人に伝えやすい要件定義ができるでしょうか。

具体的な失敗

・画面の仕様を箇条書きで書いたが認識の違いが生まれた
・チームメンバーに共有したときはOKをもらったが画面を作ったときにNGが出た
　　・共有した段階ではどんな画面になるかのイメージが伝わっていなかった
　　・文字情報だけでは目が滑ってしまって深く読んでいる人がいなかった

　自分1人で作っているとしても、仕様が明確になっていないと作っている間に迷走してしまいます。

ベストプラクティス

　文字だけで伝えず、画像で伝えるようにしましょう。

　文字で伝えられる情報には限界があります。画像を見れば頭の中のイメージが活性化して、チーム内での議論も活発化します。Webアプリケーションの場合、実際に使ったときの使い心地がアプリケーション自体の質としてとても重要です。単に色味やフォントの質という意味でなく、入力のしやすさや表示される情報の量や質、遷移のわかりやすさが使い心地を左右します。

　そのためには実際に作って触ってみるしか検証する方法はありません。ですがWebアプリケーションの開発には大きなコストがかかります。開発せずに作りたいものの価値を確認するために**画面モックアップ**を作りましょう。画面モックアップは、各画面の表示されている要素や遷移、配置を簡単に描き出した絵のことで、次のようなことができます。

・入力する情報、遷移、表示される情報から使い心地をイメージし、検証する
・画面の仕様書としてまとめて、Webアプリケーションの仕様、用語、必要な機能やデータを洗い出す

　単純に「使い心地」を検証するためだけでない点が重要です。モックアップを通して仕様や機能を明確にすることが大切と考えましょう。

　以下のような白黒を基本とした絵がモックアップです。細かい文言は書かなくて良いので、各画面に必要な要素、おおまかな配置や遷移に注目して描きます。

▶図5.1　モックアップ：お弁当一覧画面

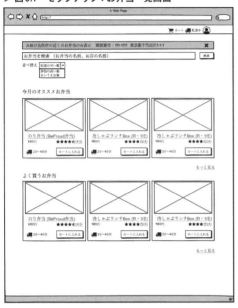

▶図5.2　モックアップ：お弁当詳細画面

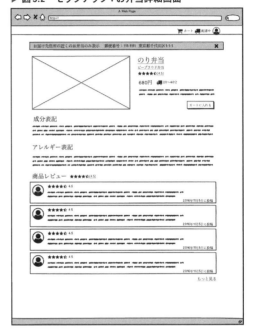

　絵を描くには紙にペンで描いても良いですし、Balsamiq Mockup※1のようなツールを使っても良いです。上記の例ではBalsamiq Mokupを使っています。

　ビジュアルにこだわれないツールを使うほうが良いでしょう。色味や細かいボタンのデザインにこだわるのは現時点では不要です（こだわってデザインしたあとで、そのボタンや画面そのものが不要だと判断される可能性が十分にあるからです）。

COLUMN

▌モックアップの別名

　本書では画面モックアップ（やモックアップ）と呼びますが、「スケッチ」や「ワイヤーフレーム」とも呼ばれます。描く絵の細かさによって呼び方を変える場合がありますが、本書では扱いません。

※1　https://balsamiq.com/wireframes/

≫115　モックアップは完成させよう

　画面モックアップを描いたは良いものの、やはり意味をなさないという場合は大いにあります。結局わかっていることだけしか描かれていないし、画面設計を見ても無駄だと他の人に思われないように気をつけましょう。

　なぜチームの開発に役立たない画面モックアップになってしまうのでしょうか？

具体的な失敗

- ・画面のモックアップを描き出してはいたが、実装の段階に入って考慮できていない点が多く見つかった
  - ・モデル設計にも手戻りが発生した
- ・モックアップを描き出したが、実装前に設計上重要な点に気づけなかった
  - ・画面の表示にデータの集計が必要で、単純に実装すると動作が遅くなった

　実装の段階になってモデル設計への根本的な修正があると、とても時間がかかってしまいます。あとからモデル設計を勇気をもって変更することは大切ですが、避けられる手戻りは最初から回避しましょう。

ベストプラクティス

　モックアップは中途半端にせず完成させましょう。絶対的な完成は難しいので、自分が把握していることをひととおり描き出せるまでは完成させましょう。落書きやメモ程度の完成度にしてはいけません。アイデアを描き出してみるためには良いですが、その状態で「画面仕様」としてはいけません。

　将来的に画面仕様が変わることは大いにありますが、**現時点で考えられる仕様は描き出しましょう**。描き出すことで、仕様の曖昧さがないようにしておきましょう。

　きちんと描き出さない問題点は、**「まだ完成していないだろう」と頭で考えてしまうこと**にあります。未完成な絵を見ると、どうしても人は真剣に見なくなってしまいます。「まだ曖昧な部分があるな」とわかっていながら、「将来的に決めるつもりなのだろう」とその仕様を曖昧なままにしてしまいます。曖昧なまま進めてしまうと、あとになって大規模な集計が必要になったり別のテーブルやミドルウェアが必要になる恐れがあります。

　たとえば以下のような絵では必要な要素が十分に見えてきません。

▶ 図5.3　要素が不十分なモックアップ

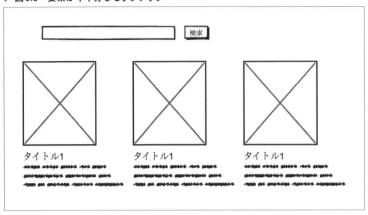

頭の中には他にも描き出すべき仕様や、考慮の足りていない部分があるはずです。

- この画面にはどこから遷移するのか
- どこに遷移できるのか
    - 見たところリンクは見当たらない
    - 「タイトル1」をリンクにするのであれば、リンクとわかるように下線を引くと良い（専用のツールであれば「リンク」の設定も可能）
- ブラウザやアプリ全体の枠は描くようにする
    - この絵が画面全体なのか、一部分なのかがわからない
    - ナビゲーションバーやサイドバーが付く想定であれば、形だけでも描いておくと良い
- 表示されている3つの要素は、どういった条件でフィルタリングされた要素なのか
    - 「今月のオススメ弁当」など見出しを書くと、仕様が明確になるしユーザーにも親切

モックアップに情報を描き足していくときには、描かれている部分ではなく描かれていない空白に注目しましょう。そこに足りない情報が、明確にすべき情報です。

たとえば「何かの一覧」があるのであれば以下のようなことが疑えます。

- 画面上の空白
    - 他に求められる情報はあるか（表示する必要のない情報はあるか）
- 仕様上の曖昧な言葉
    - 「一覧」とは何なのか
- 定石で考えて足りない仕様
    - 一覧画面であれば検索、表示順、条件での絞り込み、ページネーションや「もっと見る」リンクが考えられる
    - 不要であればなくても良いが、発想の糸口として考えてみる

・他のWebサービスやアプリを参考にして、一般的にどのようなUIがあるのかを定石として知っておくと良い

▶ 図5.4　モックアップの空白から考えられる機能

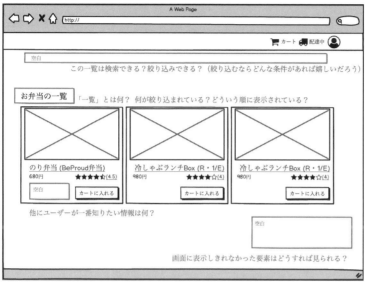

　描かれている部分よりも、描かれていない部分に注目して仕様を明確にしていくことが重要です。初めから100%の仕様を求めないようにしつつも、わかっている部分や掘り下げられる部分は考慮しておきましょう。

　もし検討した末に「不要な仕様だ」と判断したのであれば、メモ書きとして経緯を書き残しておきましょう。また同じ検討を避けるためにメモ書きを残す意味があります。

≫116　遷移、入力、表示に注目しよう

　モックアップを描き出すとき、読むときに注目する点はあるでしょうか？　無思慮に書いているだけでは、画面モックアップから仕様が定まらなくなります。

【 具体的な失敗 】

・よくできたモックアップは作れたが、手戻りは防げなかった
・画面モックアップを描いているのに装飾やデザインに凝って仕様が固まらなかった

画面モックアップを描き出す理由は、「画面の仕様」を決めることではありません。その仕様から、本当に必要なものができるか、どういったデータ設計が必要か、システム設計が必要かを読み取ることにあります。

ベストプラクティス

　遷移、入力、表示に注目して画面モックアップを描きましょう。

- **遷移**：「この画面にはどこから来て、どこに行くのだろう」
- **入力**：「この画面ではどんな入力をするのだろう」
- **表示**：「この画面ではどんな情報が表示される（表示しなくて良い）のだろう」

　遷移と入力、表示に注目することで、以下の仕様が明確になります。

- **ユーザーのストーリー、価値に合う画面ができているか**
- **どんなデータ設計が必要か**

　画面モックアップの時点で深い洞察を持つことで、「不要なものを作る」「データ設計を失敗する」という大きな手戻りを防ぎましょう。それぞれ、以下のように考えます。

● **遷移**
- **どの画面から、どの画面にユーザーが移るのか**
- **ユーザーが始めてそのWebサービスを使うとき、どこでその画面の存在を知るのか**：
　　重要なページであればナビゲーションバーにリンクがあったほうが良いでしょう。何度もクリックしないと行き着けないページは誰も使わなくなります。
- **ボタンを押すとどこに移動するのか**：
　　リンクだけでなくボタンをクリックしたときも画面を遷移できます。「カートに入れる」ボタンを押したときには「カート画面」に移動するのでしょうか？　それともそのページのままでしょうか。

● **入力**
- **どの画面で必要な情報を入力するのか**：
　　商品を「カートに入れる」ときに「数量」を指定するのでしょうか。使いやすさを考えると数量は「カート画面」で入力できれば十分かもしれません。ユーザーは商品のレビューをいつ、どの画面から入力するのでしょうか（別の画面が必要かもしれません）。
- **どんな方法で、どんな型のデータを入力するか**：
　　テキスト入力なのか、選択式にするのかなど入力の種類を決めます。データは数値なのか、文字列なのか、日付なのか決めます。
- **ボタンにはどんな種類があるか**：
　　ボタンは「ユーザーがデータを変更する」ときのアクションになるので重要です。「カートに入れる」ボタンだけでしょうか、「商品をお気に入りにする」という仕様も必要だったかも

しれません。

● 表示

- **画面に必要な情報のみ表示する：**
  一覧画面では不用意に多くの情報を表示すべきではありません。一覧画面で商品の説明文や、商品の大きさなどは表示しなくて良いでしょう。

- **「詳細画面」から必要なデータを明確にする：**
  詳細画面で表示する情報を考えることで、必要になるデータを洗い出せます。たとえば食品であればアレルギー情報は表示すべきでしょう。

- **表示されるデータはどこで入力されたものか：**
  「ユーザーの住所」や「レビュー」などの情報はどこで入力されたものでしょうか。もし別途画面が必要であれば、誰が、いつ（どんなストーリーで）、どの画面から入力するのかを考えて描きましょう。

- **「タイトル」や「本文」の他に表示するものはあるか：**
  値段や販売個数、セール、タグやカテゴリーなど、「定石」から足りない要素を発想すると良いでしょう。

- **どんな「日」の記録が必要か：**
  「公開日」「編集日」「作成日」など何かが起こった日付を表示する必要はあるでしょうか（編集されないデータであれば「編集日」を持つ必要はありません）。

もちろん画面上の配置や、どの要素を強調表示するかどうかも大事ですが、ユーザー体験やストーリーを元にしたWebアプリケーションの価値を把握できるレベルであれば十分でしょう。

≫117　コアになる画面から書こう

画面モックアップを書くのは大切なことですが、不用意に書きすぎることにも注意しましょう。特に、設定画面やログイン画面などの重要でない画面のモックアップまで書きすぎていませんか？

(**具体的な失敗**)

- 画面仕様をひととおり洗い出したが肝心の画面の仕様は掘り下げられていなかった
- パスワード設定画面やメールアドレス設定画面など不要な画面の仕様ばかりできてしまった

往々にして優先度が低い画面ほど簡単な仕様な画面が多いので、気軽に描き出しやすくなります。ですが優先度の低い画面は後回しにしましょう。

ベストプラクティス

「コア」になる画面から描きましょう。

そのWebサービスたらしめる画面から描きましょう。おおむね作りたいWebサービス（やアプリケーション）の中で思いつく画面の順に描き出せば良いでしょう。それは、想定する使い手のストーリーに関わる画面だからです。

たとえば以下のようなECサイトのユーザーストーリーを考えます。

トップ画面を見る ⇒ 商品一覧を見る ⇒ 商品を選ぶ ⇒ カートに入れる ⇒ 支払いをする

すると、以下の画面が「コア」になる画面だとわかります。

- トップページ
- 一覧ページ
- 商品のページ
- カート
- 支払い

それ以外の、定形で必要な画面の設計はなくても問題はありません。誰しもがその画面の機能をイメージできるからです。価値検証としての重要度も低いですし、あとで必要となる重要な仕様が潜んでいる可能性も低いです。

開発の初期段階に自分で動作を確認するときにも、ユーザー登録画面やユーザーのパスワード設定画面はなくても良いでしょう。手動でデータベースを操作したり、Webフレームワークの持つ管理画面からデータを作成すれば十分だからです。

≫118　モックアップから実装までをイメージしよう

モックアップは描き出すだけでなく、読むプロセスも大切です。特に頭を使わずに「見た目にもよさそう」と判断していませんか？　モックアップを見るときに、システム構成や実装するプログラムをイメージできていますか？　たとえば、モックアップを「何となく良さそう」とレビューしてしまうのは要注意です。

ベストプラクティス

モックアップから具体的な実装をイメージしましょう。

実装をイメージできないときは、具体的に仕様を確認しましょう。モックアップと仕様を確認して、できる限り実装をイメージすることで事前に実装が難しい（工数がかかる、複雑になる）箇所を把握しておくのがポイントです。

　モックアップは表示する情報や使い心地を検討するだけでなく、仕様書としての意味合いがとても強いです。このような観点を持つことで、画面モックアップは「単なる画面の下書き」でなく、未来に必要な仕様や設計の青写真と捉えられます。

・どのようなデータ（テーブル、モデル）が必要か
・各画面を表示するために、どうデータを取得する必要があるか
・キャッシュや集計する処理が必要か

　ECサイトのトップページから、後々に必要になるモデル、ミドルウェアや集計処理を読み解きましょう。

▶ 図5.5　モックアップから実装をイメージする

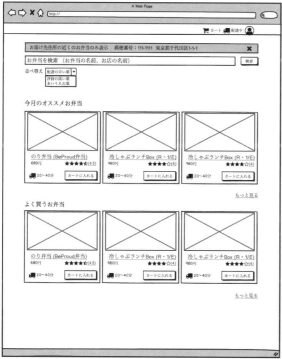

　まず、概念として、どのような「もの」があるかをおおまかに捉えてみましょう。

・商品
　　・画像の「のり弁当」など
　　・販売されているお弁当そのもの
・販売業者

・画像の「BeProud 弁当」など
・お弁当を実際に作って売っている店舗
・ユーザー
・サービスにログインして購入するユーザー

それぞれのモデルに、どのような属性があるのかもモックアップから読み取れます。細かく ER
図などに書き出すのはあとで良いので、ここではどんなモデルがあるのかのみ見ておきましょう。
次に、画面内にある要素や単語の意味を深く考えていきます。現状では機能の一覧や、実装の
細かな点まで考慮する必要はありませんが、ある程度必要になる処理を想定しておくことで、複
雑すぎる処理が潜んでいないかなどを考えておきましょう。以下のように、画面にある仕様、言
葉から考えます。

・「お弁当の検索」：
　　現段階では「お弁当の名前」と「お店の名前」からのみ検索します。検索はデータベース
　のLIKE検索で十分でしょう。
・「お届け先住所」：
　　ユーザーはいつお届け先住所を入力するのでしょう？　複数登録できて、よく使う住所を
　1つ設定しておけると良いでしょうか？
・「配達時間の目安」：
　　何を元に配送時間は算出されるべきでしょうか？　店舗の住所とユーザーの「お届け先住
　所」から算出しているのでしょうか？　算出は曖昧な時間で済ませるべきか、地理情報から
　細かく算出すべきでしょうか？　地理的な距離だけでなくメニューの準備にかかる時間も加
　算すべきでしょう。
・「配達の早い順」：
　　店舗の住所とお届け先の住所からプログラムで計算するのであれば、データベースでの
　ソートは不可能でしょう。地理情報の扱えるデータベースを使って、2点間の距離を算出、
　距離からおおまかな時間を算出できればソートはできそうです。
・「評価」：
　　「評価」は1〜5点で付けられるものでしょう。表示されている「評価」は、商品ごとの今
　までのレビューの平均を算出したものです。商品を表示するときに、商品ごとのレビューの
　平均をデータベースで毎度計算するのは遅いかもしれません。
・「評価の高い順」：
　　商品のレビューの平均を計算して並べ替えするのは時間がかかりそうです。商品ごとの
　「平均評価」を5分ごとや10分ごとに算出して別途管理するのもありかもしれません。「評
　価の高い順」を表示するとして、ユーザーの「お届け先住所」からあまりにも配達に時間が
　商品を表示しても意味はないでしょう。

- 「画像」：

　画像のサイズは4対3で固定するのか、自由なサイズを受け付けるのかどちらでしょう？ 画像を切り取るのであれば、画像を扱うPythonかJavaScriptのライブラリの使い方を知っておく必要があります。また、画像はどこに保存するべきでしょうか。CDNを通して配信するべきでしょうか。未ログインユーザーもアクセスする負荷の大きい画面であればCDNは必要そうです。

　この時点で要件を満たすために必要なモデルやミドルウェア、集計があまりに複雑すぎると気づくことがあるでしょう。そういった仕様が潜んでいないかに気をつけて（実装をある程度想像しながら）モックアップを精査することにも、モックアップに描き出す意味があります。

　使う人の要望、痛みの大きさや頻度（それを解消するための仕様の重要度）を考えて、そのまま作るか、代替案を考えるか、仕様をなくすかを考えましょう。「とても頑張った割には誰も嬉しくない」ものよりも、本質的な価値にもっとも近い仕事に注力するためによく読むことが大切です。

≫119　最小で実用できる部分から作ろう

　何かを作るとき、得てしてリソースは限られた状況にあると思います。その状況では「どうリソースを使って」「どう完成に近づくか」、そして「どう手応えを得るか」が重要です。
　次のような失敗をしたことはありませんか？

具体的な失敗

- すべてを作ろうとして、道半ばでやめてしまった
- 技術的に面白い機能から作ってしまった

　何かを作るときは、まず小さく使えるものから作りましょう。リソースは限られています。リソースは無限にあると思うのであれば、むしろ良いものはできないでしょう。

ベストプラクティス

　最小限の実装で、実際に使えて役に立つ部分から作り始めましょう。すべてを一度に作ろうとせず、最小十分のプログラムを作って、使いながら価値検証をしましょう。
　何かを作るうえで、コストと締切りは無視できません。仕事でプログラムする際にはもちろんコストと締切りは存在しますが、仮に自分1人で趣味のWebサービスを作る場合にも存在します。

- コスト
  - 自分自身の時間

　　　　・労力、体力
　　　　・作り続けるモチベーション
　　・締切り
　　　　・飽きてやめてしまう
　　　　・似たサービスがローンチされてしまう

　締切りというと嫌な印象がありますが、モチベーションを保つうえでとても大切です。途方もなく大きなものを闇雲に作るより、マイルストーンを立てて順に小さく作っていくほうがモチベーションを保てます。

　無限にリソースがあると思う場合でも、モチベーションという資源は有限です。どんな場合も、まずは小さく作ることが一番大切なプロセスです。

● 最小の完成形を見つける

　今までモックアップを書き出す中で、製品に必要そうな機能を洗い出してきました。ですが、それらすべての機能が最初のリリースに必要というわけではありません。リリースをして自分で作ってみたり反響を得たりしながら、設計や仕様自体を柔軟に変更しましょう。

　最小の製品はどうやって見つければ良いのでしょうか？　価値問診票（**112**「作りたい価値から考える」P.263参照）を見ながら最初に要らない機能を決めましょう。ECサイトが解決する痛みには以下のようなものがありました。

　・仕事に集中していたいのにお昼ごはんを食べる必要がある（仕事をより効果的なものにしたい）
　・ランチのために出かけるのがめんどう（外に出る、人に会う、オーダーをして会計をするのがめんどう）
　・食べるものを決めるのもめんどう
　・毎日同じ場所で食べるには飽きてしまった

　解決したい問題を見ると、まず「オンラインでお昼ご飯が買えること」ができればOKだとわかります。どの機能を優先すべきかを考える際は、以下のような観点で考えます。

　・一番中心になる課題から解決する
　　・その製品・サービスたらしめる機能
　　・利用頻度の多い、ユーザーの誰しもが使う機能
　・リリース当初不要なものはなくす
　　・商品の数（データ量）も少ないので高度な検索や並べ替えは不要だろう
　　・ユーザーアカウントは管理者が手動で作って知人に配布すれば十分だろう

たとえば、以下のように必須の機能と初期に不要な機能を分類しました。

▶ 表5.1 必須の機能と初期には不要な機能

必須とした機能	初期に不要とした機能
商品の一覧ページ	今月のオススメ商品機能
商品の詳細ページ	よく買うお弁当機能
配送先住所の設定	レビュー機能
簡易な配送時間の見積もり機能	配送経路を考慮した配送時間の見積もり機能
カート機能	レビューの評価値の集計機能
商品の注文機能	ユーザー作成機能
購入履歴ページ	商品の検索、並べ替え機能
販売店、商品の管理機能	成分表記、アレルギー表記

ただし、一見不要そうに思えても使い勝手やビジョンに大きく影響する機能は作る必要があります。今回であれば「めんどうさ」をなくすためのWebサービスなので、最小の製品でありつつ使う手間は最低限になるようにしたいです。

そのため「クレジットカードでの支払いをなくして、まずは現金で配達員に支払えば良い」とは限りません。現金を扱うようにすることで、配達員のお金の処理や、販売店への支払いの業務設計が必要になることも考えられます。その手間が自動化できることを考えてもクレジットカード決済は必須の機能でしょう。

≫120 ストーリーが満たせるかレビューしよう

モックアップが書き終わったら、それでおしまいにしてはいけません。初めに書き出した「価値問診票」に立ち戻って考えましょう。

【 具体的な失敗 】

- 良いモックアップができたが、想定する顧客にとって使いやすいものではなかった
- モックアップを書いているうちにブレてしまっていた

価値検証の段階に戻って考えること、見返すことが大切です。

【 ベストプラクティス 】

モックアップがストーリーと価値を満たせるかをレビューしましょう。

初期のリリースする機能のモックアップができれば以下を考え直しましょう。モックアップを作ったところで、もともと必要だった価値を満たすものでなければ意味がありません。

- Webサービスとして価値が実現できるか

- 使う人のストーリーを実現する画面の遷移、ボタンが揃っているか
- 使う人が触った瞬間に「求めていた価値」を感じられるか
  - 私には難しい、私には合わない、私のモノじゃないと思われないか
- 使う人にとって使いやすいか、使いこなせるか
  - 年齢やWeb、スマートフォンへどれくらい慣れているか
  - ユーザー層によっては「ハンバーガーアイコン」を見て「メニュー」の意味とは伝わらない場合がある
- どういった流れで使い手はその使い方を会得するのか
  - 画面を見るだけで使い方を想像できるか
  - 既存の他のサービスやアプリから機能や意味を想像できるか
  - 今までと大きく違う場合は、注釈やチュートリアルがあったほうが良いかもしれない

　モックアップがひととおり揃ったところで、ストーリーをイメージしながら読み返しましょう。
　今後作りたい機能などについては詳細にモックアップを作らなくても良いでしょう。はじめにリリースをしたあとに、フィードバックを受けながら次にリリースするマイルストーンを決めていけば十分です。モックアップは一直線に完成までを作る必要はありません。実現したい価値やリリース時期、システムの制約などを考慮しながら、行き来させながら作っていきましょう。

参考文献

書籍

- 『ITエンジニアが覚えておきたい英語動詞30』(板垣政樹 著、秀和システム 刊、2016年3月)
- 『Python プロフェッショナルプログラミング第3版』(ビープラウド 著、秀和システム 刊、2018年6月)
- 『SQL アンチパターン』(Bill Karwin 著、オライリージャパン 刊、2013年)
- 『xUnit Test Patterns』(Gerard Meszaros 著、Addison-Wesley Professional 刊、2007年5月)
- 『エキスパート Python プログラミング改訂2版』(Michal Jaworski、Tarek Ziade 著、稲田直哉、芝田将、渋川よしき、清水川貴之、森本哲也 訳、アスキードワンゴ 刊、2018年2月)
- 『図解でなっとく!トラブル知らずのシステム設計 エラー制御・排他制御編』(野村総合研究所、エアーダイブ 著、日経BP社 刊、2018年3月)
- 『Webエンジニアが知っておきたいインフラの基本』(馬場俊彰 著、マイナビ 刊、2014年12月)
- 『文芸的プログラミング』(ドナルド・E.クヌース 著、有沢誠 訳、ASCII 刊、1994年)
- 『楽々ERDレッスン』(羽生章洋 著、翔泳社 刊、2006年4月)
- 『管理ゼロで成果はあがる〜「見直す・なくす・やめる」で組織を変えよう』(倉貫義人 著、技術評論社 刊、2019年1月)
- 『達人に学ぶDB設計』(ミック 著、翔泳社 刊、2012年3月)

Webサイト

- Arrange Act Assert　http://wiki.c2.com/?ArrangeActAssert
- Fragile Test at XUnitPatterns.com　http://xunitpatterns.com/Fragile%20Test.html
- Marketing For Developers　https://devmarketing.xyz/
- Pull Request　https://help.github.com/ja/github/collaborating-with-issues-and-pull-requests/about-pull-requests
- slug　https://developer.mozilla.org/ja/docs/Glossary/スラグ
- The Twelve-Factor App(日本語訳)　https://12factor.net/ja/config
- 「巨大プルリク1件 vs 細かいプルリク100件」問題を考える(翻訳)　https://techracho.bpsinc.jp/hachi8833/2018_02_07/51095
- エンジニアの「プロの所作」01. まず自分で調べる:「自分主体で考えて作る」第1歩。わからないことを調べる所作を伝えます - Python学習チャンネル by PyQ　https://blog.pyq.jp/entry/professionalism_of_engineer_01
- ストーリーとしての競争戦略　https://store.toyokeizai.net/books/9784492532706/
- セマンティック バージョニング 2.0.0 | Semantic Versioning　https://semver.org/lang/ja/
- セルフマネジメントの必須スキル「タスクばらし」そのポイント | Social Change!　https://kuranuki.sonicgarden.jp/2016/07/task-break.html
- ソフトウェア開発時にどのような基準でOSSライブラリを選定するのがよいのか　https://yoshinorin.net/2019/08/31/how-to-choose-oss-library/
- リーン顧客開発　https://www.oreilly.co.jp/books/9784873117218/
- ローカルなプロセス間通信用のソケット - UNIX　https://linuxjm.osdn.jp/html/LDP_man-pages/man7/unix.7.html
- 匠メソッド　http://www.takumi-method.biz/
- 安全なウェブサイトの作り方　https://www.ipa.go.jp/security/vuln/websecurity.html
- 安全なウェブサイトの運用管理に向けての20ヶ条 〜セキュリティ対策のチェックポイント〜　https://www.ipa.g・o.jp/security/vuln/websitecheck.html
- 第1回CDNの仕組み(CDNはどんな技術で何ができるのか)　https://blog.redbox.ne.jp/what-is-cdn.html
- 若手開発者の後悔　https://postd.cc/the-sorrows-of-young-developer/

索引

著者紹介

●清水川 貴之（しみずかわ たかゆき）

2003年からPythonを主言語として使い始め、Webアプリケーションの開発を中心に活用してきた。現職のビープラウド
では開発の他、Python関連書籍の執筆や研修講師も行っている。個人では、一般社団法人PyCon JPの理事として日本各
地で開催されているPython Boot CampでPython講師を務めている。Python mini Hack-a-thonなどPython関連イベン
ト運営のかたわら、国内外のカンファレンスへ登壇しPython技術情報を発信するなど、公私ともにPythonとその関連技
術の普及活動を行っている。共著書／共訳書：『Pythonプロフェッショナルプログラミング第3版 (2018 秀和システム刊)』
『エキスパートPythonプログラミング改訂2版 (2018アスキードワンゴ刊)』『独学プログラマー (2018 日経BP 社刊)』
『Sphinxをはじめよう第2版 (2017 オライリー・ジャパン刊)』

Twitter　@shimizukawa

URL　　　http://清水川.jp/

●清原 弘貴（きよはら ひろき）

2012年10月よりBeProud所属。2011年から本格的にPythonを使っている。Djangoが好きで、日本で最大級のDjango
イベント DjangoCongress JP (https://djangocongress.jp) の主催をしたり、Webアプリケーションやライブラリを作っ
たり、Django本体のソースコードへパッチを送ったりしている。個人でShodo (https://shodo.ink)、dig-en (https://
dig-en.com)、PileMd (https://pilemd.com)、仕事でPyQ (https://pyq.jp) など、多数のWebサービス・アプリを企画、
開発している。共著書に『Pythonプロフェッショナルプログラミング第3版 (2018 秀和システム刊)』『Pythonエンジニ
アファーストブック (2017 技術評論社刊)』がある。

Twitter　@hirokiky

URL　　　http://hirokiky.org/

●tell-k（てるけー）

2005年からPHP／Perlを利用したWebアプリケーション開発の仕事に従事し、2011年から本格的に仕事でPythonを使
い始めた。最近はもっぱらお猫様のお世話に忙しい。共著書に『Pythonプロフェッショナルプログラミング第3版 (2018
秀和システム刊)』がある。

Twitter　@tell_k

GitHub　https://github.com/tell-k

PyQ トライアル

オンラインPython学習サービスPyQ（パイキュー）の一部機能を、3日間無料で体験できます。実務でよく使
われる例外処理、ユニットテスト、スクリプト作成に加え、関数の入出力設計、クラスへの切り出し、モジュール
の分割方法など設計に重要なポイントを学べるコンテンツを用意しています。ぜひチャレンジしてください。

●無料体験の開始方法

https://pyq.jp/にアクセスして「学習を始める」ボタンをクリックし、画面の案内に従ってキャンペーンコード
「self_propelled」を入力してください。体験するにはクレジットカードの登録が必要です。

●オンラインPython学習サービス「PyQ（パイキュー）」について

PyQ（パイキュー）は、ブラウザのみでPython言語を学習できる、オンラインプラット
フォームです。環境構築不要で手を動かして学べます。1,000問を超えるカリキュラムで、
幅広いレベルのPython学習をサポート。Python基礎の学習のみならず、実務でPythonを
活用しているエンジニアにも活用いただいています。

※PyQは、株式会社ビープラウドの登録商標です

◆カバーデザイン　　　　　　西岡 裕二
◆本文デザイン・レイアウト　SeaGrape
◆編集　　　　　　　　　　　山﨑香

自走プログラマー

～ Python の先輩が教えるプロジェクト開発のベストプラクティス 120

2020 年 3 月 11 日　初版　第 1 刷発行
2020 年 4 月 22 日　初版　第 2 刷発行

監　修	株式会社ビープラウド
著　者	清水川 貴之、清原 弘貴、tell-k
発行者	片岡巌
発行所	株式会社技術評論社
	東京都新宿区市谷左内町 21-13
	電話　03-3513-6150　販売促進部
	03-3513-6166　書籍編集部
印刷／製本	昭和情報プロセス株式会社

定価はカバーに印刷してあります

ISBN978-4-297-11197-7　C3055
Printed in Japan

●問い合わせについて

　本書に関するご質問は、FAX か書面でお願
いいたします。電話での直接のお問い合わせに
はお答えできませんので、あらかじめご了承く
ださい。また、下記の Web サイトでも質問用
フォームを用意しておりますので、ご利用くだ
さい。

　ご質問の際には、書籍名と質問される該当
ページ、返信先を明記してください。e-mail
をお使いになられる方は、メールアドレスの併
記をお願いいたします。ご質問の際に記載いた
だいた個人情報は質問の返答以外の目的には使
用いたしません。

　お送りいただいたご質問には、できる限り迅
速にお答えするよう努力しておりますが、場合
によってはお時間をいただくこともございま
す。なお、ご質問は、本書に記載されている内
容に関するもののみとさせていただきます。

◆問い合わせ先
〒 162-0846
東京都新宿区市谷左内町 21-13
株式会社技術評論社　書籍編集部
『自走プログラマー』係
FAX：03-3513-6183
Web：https://gihyo.jp/book/